Thoung Sodany
Supaporn Poungchompu
Lyhour Hin

Factores relacionados com a utilização das terras agrícolas pelos pequenos agricultores

Thoung Sodany
Supaporn Poungchompu
Lyhour Hin

Factores relacionados com a utilização das terras agrícolas pelos pequenos agricultores

ScienciaScripts

Imprint

Cover image: www.ingimage.com

This book is a translation from the original published under ISBN 978-3-659-87426-0.

Publisher:
Sciencia Scripts
is a trademark of
Dodo Books Indian Ocean Ltd. and OmniScriptum S.R.L publishing group

120 High Road, East Finchley, London, N2 9ED, United Kingdom
Str. Armeneasca 28/1, office 1, Chisinau MD-2012, Republic of Moldova, Europe
Managing Directors: Ieva Konstantinova, Victoria Ursu
info@omniscriptum.com

Printed at: see last page
ISBN: 978-620-8-39894-1

RESUMO

À medida que aumentam as preocupações com a luta pela utilização das terras agrícolas no Nordeste do Camboja, os pequenos agricultores são altamente afectados pelas caraterísticas do agregado familiar, pelas componentes biológicas locais, pela formação e pelas visitas de extensão. Consequentemente, estas questões levaram à realização de uma investigação mista de base qualitativa e **quantitativa**, com o objetivo de (1) estudar as caraterísticas da utilização das terras agrícolas pelos pequenos agricultores; e (2) identificar os factores relacionados com a utilização das terras agrícolas pelos pequenos agricultores na aldeia de Ouheng, no Camboja. Esta investigação foi efectuada através de uma amostragem intencional de 30 inquiridos com menos de 3 hectares de terra, bem como de entrevistas a três informadores-chave. Foram realizadas duas discussões em grupos **de** discussão com 10 pessoas em cada grupo. Este estudo baseou-se no inquérito aos agregados familiares em 2015, utilizando estatísticas descritivas aplicadas e o teste do Qui-quadrado executado pelo SPSS versão 16, enquanto o teste do Qui-quadrado foi utilizado para encontrar a relação através da comparação de dois grupos: o grupo que altera os padrões de cultivo e o outro sem alterações no cultivo. Os resultados indicam que uma série de factores relacionados com o uso da terra pelos **pequenos** agricultores são componentes biológicos locais, socioeconómicos, acesso ao crédito e condições tecnológicas.

Os resultados também revelam que o uso da terra pelos **pequenos** agricultores na aldeia de Ouheng é, em média, de 1,5 hectares por agregado familiar, que é principalmente dominado por arrozais e seguido pela mandioca. A área cultivada de mandioca aumentou significativamente em 21,92% em 2015 devido aos preços favoráveis e ao acesso mais fácil ao mercado. Novas variedades de culturas, incluindo legumes e arroz, devem ser fornecidas ou colocadas à venda, tornando-as mais tolerantes à seca e resistentes a doenças. As competências agrícolas melhoradas, juntamente com uma melhor formação em técnicas de gestão das culturas, devem ser reforçadas a nível comunitário, para que os meios de subsistência rurais possam ser reforçados.

RECONHECIMENTO

Em primeiro lugar, gostaria de expressar a minha mais profunda e sincera gratidão e agradecimento ao meu orientador, Assist. Dr. Supaporn Poungchompu, que me tem ajudado a concluir a minha licenciatura na Universidade de Khon Kaen (KKU). Desempenhou um papel muito importante em todas as fases deste estudo, através de discussões conceptuais e intelectuais e de um incentivo e apoio contínuos.

O meu profundo sentimento de gratidão ao IDRC-SEARCA e aos funcionários que me forneceram e apoiaram na bolsa de estudo e no subsídio de investigação.

A minha gratidão vai para o gabinete da Graduate School da Khon Kaen University (KKU) que coordenou este programa; Mestrado em Desenvolvimento e Gestão Rural e Royal University of Agriculture (RUA) que me deu uma boa oportunidade para fazer uma pós-graduação na Tailândia. Os meus agradecimentos são também dirigidos aos chefes dos distritos inquiridos, às autoridades locais, à Organização Vida com Dignidade, aos funcionários e aos habitantes das aldeias que gentilmente responderam e discutiram todo o tipo de questões que serviram de base a esta tese.

O meu profundo sentimento de gratidão para com todos os meus professores seniores, colegas e amigos da KKU, em particular, pelo seu afeto, carinho e apoio moral que me deram durante o árduo período de trabalho.

Expresso os meus sinceros agradecimentos ao meu querido marido, o Sr. Hin Lyhour, e à minha adorada família pela sua paciência, motivação contínua e sacrifício durante todo o período do meu estudo no programa MRDM.

Sodany Thoung

ÍNDICE DE CONTEÚDOS

LIST OF ABBREVIATIONS

ABiC	Agri-Business Institute Cambodia
CSES	Cambodia Socio Economic Research
ELC	Economic Land Concession
FAO	Food and Agriculture Organization
LASED	Land Allocation for Social and Economic Development
MLMUPC	Ministry of Land Management, Urban Planning and Construction
SLC	Social Land Concession

CAPÍTULO I
INTRODUÇÃO

1.1 Antecedentes da investigação

A definição de pequenos agricultores é dada através de vários meios. O mais óbvio para a medição da escala da exploração depende do tamanho e de várias fontes que denotam pequenas explorações, aquelas com menos de 2 hectares de terra de cultivo. Do mesmo modo, outros autores sublinharam que as pequenas explorações são geridas regularmente com recursos limitados, pouca tecnologia utilizada, dependendo maioritariamente dos membros da família e da agricultura de subsistência para consumo do agregado familiar (Hazell, Poulton, Wiggins e Dorward, 2007). (Calcaterra, 2013) definiu os pequenos agricultores com base em alguns indicadores como a orientação para o mercado, a dimensão da propriedade, a mão de obra, a responsabilidade pela gestão da exploração, o rendimento e o sistema de exploração. De acordo com estas definições, existem 500 milhões de pequenas explorações agrícolas no mundo e, entre estas, cerca de 87 % são pequenas explorações (menos de 2 ha) concentradas na Ásia e na região do Pacífico (Thapa e Gaiha, 2011). A produtividade agrícola do Camboja continua a ser baixa, tanto em termos de mão de obra (cerca de US$170/trabalhador) como em termos de terra (US$518/ha), tal como referido em Agrifood consulting international, 2005. As pequenas explorações agrícolas no Camboja referem-se a proprietários de terras com menos de 3 hectares, enquanto as explorações médias têm entre 3 e 10 hectares e as grandes explorações têm mais de 10 hectares. Uma investigação baseada em dados concretos do Agri-Business Institute Cambodia (ABiC) em 2005 revelou que 94,3% das explorações agrícolas são pequenas, enquanto as médias representam 5,6% e as grandes 0,8% (Ngo Sothath e Sophal, 2011). Se compararmos por áreas, as explorações agrícolas familiares com menos de 1 hectare em Phnom Penh representam 69%, seguidas por 67% das famílias na planície, as terras agrícolas em torno da zona de Tonle Sap, a costa e o planalto/montanha representam 42%, 61% e 52%, respetivamente (Instituto Nacional de Estatística e Ministério do Planeamento, 2014). As pequenas explorações agrícolas continuam a dar um contributo significativo para a produção agrícola de segurança alimentar, a redução da pobreza rural e a conservação da biodiversidade, apesar dos obstáculos que enfrentam no acesso aos recursos produtivos e à prestação de serviços. Além disso, enfrentam novos desafios no que respeita à integração na produção, às cadeias de elevado valor, à adaptação às alterações climáticas, à volatilidade do mercado e a outros riscos e vulnerabilidades (Thapa e Gaiha, 2011).

Embora a agricultura do Camboja seja produzida por mais de 80 % da população total e contribua para a economia do país, representa apenas 34 % do produto interno bruto (PIB) (Silva, S., R., e Sellamuttu, 2014), este sector tem enfrentado desafios em termos de segurança alimentar, produtividade, acesso à terra e segurança fundiária, qualidade do solo, agricultura de sequeiro, vulnerabilidade às alterações climáticas em termos de inundações e secas, falta de modernização e acesso aos mercados e ao crédito.

Para além disso, os desafios dos pequenos agricultores são a falta de poupanças e de acesso ao crédito entre os agregados familiares pobres. Há algumas questões para os agregados familiares vulneráveis que sofrem choques; falhas nas colheitas, doenças entre os membros do agregado familiar e mortalidade do gado que causam stress económico imprevisto. A propósito, a fragilidade da legislação relativa à propriedade da terra está também associada à usurpação e à expulsão de terras. São estas as razões que levam a que a maior parte das famílias rurais pobres não tenha acesso a créditos e que os problemas recorrentes sejam consequência do comércio de terras e da falta de terra (Engvall e Kokko, 2007). O crescimento da população, combinado com o aumento da migração dos utilizadores da terra, provocou uma procura acumulada de terras devido à expansão agrícola, a fim de satisfazer as necessidades básicas e aumentar a tensão no que respeita ao acesso à terra agrícola e à propriedade da terra (Engvall e Kokko, 2007; Vang, 2013). Outros constrangimentos importantes para os pequenos agricultores são impostos pela incerteza da posse, pela dimensão da exploração e pelas tendências dos mercados fundiários (Silva et al., 2014).

A aldeia de Ouheng, em particular, situa-se na comuna de Samroang, na província de Pursat, numa zona montanhosa e remota onde se concentra a maior parte dos pequenos agricultores que praticam a diversificação das culturas. No entanto, os agricultores confrontam-se com uma segurança de mercado limitada, um interesse contagioso e conhecimentos insuficientes sobre o que cultivar. Além disso, o acesso ao crédito rural é outro problema para a sobrevivência dos pequenos agricultores, uma vez que não podem expandir a produção sem dinheiro disponível. De facto, o dinheiro emprestado como crédito rural é relativamente pequeno, porque o serviço de crédito é gerido por um grupo de poupança que se dá ao luxo de emprestar pequenas quantias de dinheiro por ano. Além disso, as famílias rurais têm geralmente famílias numerosas, o que significa mais membros para alimentar, mas em termos de rendimento, não é suficiente para sustentar as famílias, mesmo que a terra se torne cada vez mais pequena. É verdade que a força de trabalho não é totalmente aproveitada, então a pobreza é difícil de erradicar (CDB, 2015; NCDD, 2010; Sophal e Acharya, 2002).

No entanto, foram investigados muito poucos documentos sobre os factores relacionados com a utilização das terras agrícolas ao nível das explorações agrícolas, e parece que a escassez de terras não é a principal questão no desenvolvimento rural e na redução da pobreza, o que significa que a análise da utilização alternativa de recursos escassos, como as terras agrícolas, é uma questão importante de escala económica na agricultura e em termos de posse da terra, bem como a eficiência económica e a viabilidade dos agricultores. Por exemplo, (Auzins, Geipele e Geipele, 2014) afirmou no seu artigo que "o cerne da avaliação da eficiência do uso da terra aponta para a necessidade de aumentar a eficiência, proporcionando o uso útil dos recursos da terra para o benefício público". Por conseguinte, a investigação quantitativa sobre os factores relacionados com a utilização das terras agrícolas para a produção de arroz: Case Study Ouheng Village, Cambodia, should be conducted.

1.2 Questões de investigação

Os pequenos agricultores permanecem nos países em desenvolvimento e contribuem significativamente para uma grande parte do PIB; no entanto, continuam a enfrentar desafios em termos de produção, utilização intensiva da terra, introdução de tecnologia e, juntamente com a pressão da demografia social, foram levantadas as duas questões principais que se seguem:

1) Quais são as caraterísticas da utilização das terras agrícolas pelos pequenos agricultores da aldeia de Ouheng?

2) Que factores estão relacionados com a utilização das terras agrícolas pelos pequenos agricultores?

1.3 Objectivos da investigação

O estudo é conduzido com a identificação das actividades agrícolas realizadas em terras de pequenos agricultores na área de estudo, e tenta descrever as caraterísticas do uso da terra e avaliar os factores relacionados. Os objectivos específicos necessários para cumprir o conteúdo da pesquisa são:

1) Estudar as caraterísticas da utilização das terras agrícolas pelos pequenos agricultores;

2) Identificar os factores relacionados com a utilização das terras agrícolas pelos pequenos agricultores.

1.4 Resultados esperados

O resultado estimado deste estudo é a abordagem de todas as condições de utilização do solo em

O contexto cambojano para os agricultores que se dedicam à venda em bancas e alguns constrangimentos são também expressos utilizando esses termos-chave como fontes de dados para as instituições relevantes e para os próprios agricultores, a fim de se proceder a um planeamento e gestão adequados da utilização das terras. Algumas das expectativas em relação aos resultados do estudo são as seguintes

1) Saber como os agricultores utilizam as suas terras

2) Descobrir os factores relacionados com a utilização das terras agrícolas na zona de estudo

3) Compreender como utilizar as terras para actividades agrícolas

1.5 Âmbito e limitações da investigação

O limite do estudo na identificação das diferentes categorias de uso da terra e factores relacionados, que podem representar um local particularmente selecionado numa aldeia da província de Pursat, foi escolhido para esta investigação intensiva. Este estudo é efectuado com as famílias de agricultores que possuem menos de 3 hectares de terra arável. Devido a limitações de tempo e de orçamento, o âmbito da investigação tem de ser reduzido; assim, a investigação será realizada durante um período de 3 meses, através de entrevistas a 30 amostras selecionadas popositivamente entre 60 agricultores que possuem terras com menos de 3 hectares na aldeia de Ouheng. A investigação tem início em julho de 2015 e termina em outubro de 2015.

1.6 Definição operacional

Terra: é conhecida como um fator de produção e definida como um importante fator de produção agrícola, sendo que garantir a sua disponibilidade, acessibilidade, quantidade e qualidade é vital para a produtividade da terra e para uma produção agrícola adequada (Raufu, 2010).

Utilização da terra: é definida de forma diferente como todas as actividades humanas realizadas na terra com a influência de perspectivas socioeconómicas e políticas. A FAO (1999) também afirma que o uso da terra é determinado pelos arranjos, actividades e insumos que as pessoas realizam num determinado tipo de cobertura da terra para a produzir, alterar ou manter.

Utilização das terras agrícolas: é também referida como qualquer terra utilizada principalmente para fins agrícolas, através da criação de animais e do cultivo de culturas de forma sistemática e controlada, com o objetivo de produzir alimentos para a humanidade. (Geist e Land bin, 2002).

CAPÍTULO II
REVISÕES DE LITERATURA

2.1 Definição de solo e utilização do solo

De acordo com a Organização das Nações Unidas para a Alimentação e a Agricultura (FAO, 1999), o uso do solo é determinado pelas disposições, actividades e factores de produção que as pessoas realizam num determinado tipo de cobertura do solo para o produzir, alterar ou manter. Na prática, é frequentemente utilizada uma definição mais abrangente de utilização dos solos. O "uso do solo" inclui, de facto, as águas próximas da superfície. Uma determinada área de terra é normalmente utilizada para satisfazer múltiplos objectivos ou finalidades. Por outro lado, a utilização do solo é também definida como a forma como os seres humanos utilizam as propriedades biofísicas ou ecológicas do solo. Inclui a diversificação e/ou a gestão das terras para fins agrícolas, de povoamento, florestais e outros. Em termos da sua definição, a terra é conhecida como um fator de produção e definida como um importante fator de produção agrícola, sendo a garantia da sua disponibilidade, acessibilidade, quantidade e qualidade vital para a produtividade da terra e para uma produção agrícola adequada (Raufu, 2010). O uso da terra é definido de forma diferente como todas as actividades humanas realizadas na terra com a influência de perspectivas socioeconómicas e políticas. Além disso, a utilização agrícola da terra é também referida como qualquer terra utilizada principalmente para fins agrícolas, através da criação de animais e do cultivo de culturas de forma sistemática e controlada, com o objetivo de produzir alimentos para a humanidade (Geist e Land bin, 2002).

2.1.1 Utilização de terras agrícolas

As terras agrícolas representam a parte da superfície que é arável, coberta por culturas permanentes e pastagens permanentes. As terras aráveis compreendem as terras designadas pela FAO como terras com culturas temporárias (as superfícies de dupla cultura são contadas uma vez), prados temporários para ceifa ou para pastagem, terras com hortas familiares ou de mercado e terras em pousio temporário. Excluem-se as terras abandonadas na sequência de culturas itinerantes.

As terras com culturas permanentes referem-se a terras cultivadas com culturas que ocupam a terra durante longos períodos e pousios após cada colheita, como o café, a borracha e o cacau. Inclui também as terras com arbustos, nogueiras, árvores de fruto e videiras, mas exclui as terras com árvores cultivadas para madeira. As pastagens permanentes referem-se a terras utilizadas durante vários anos para o cultivo de forragens. As pastagens permanentes são terras utilizadas durante cinco ou mais anos para forragem, contando com as culturas naturais e cultivadas (Banco Mundial).

Os dados sobre a utilização das terras agrícolas são importantes para muitas das actividades regionais e globais atualmente empreendidas pela (FAO), como a análise da validade das terras agrícolas, a perspetiva de estudos sobre a produção agrícola e a segurança alimentar, o alerta inicial para a segurança alimentar, as operações baseadas em catástrofes naturais, os estudos sobre sistemas agrícolas e a formulação de políticas. Por conseguinte, é necessário um conhecimento da utilização atual da terra e dos recursos de utilização da terra para verbalizar as mudanças que conduzem a uma utilização sustentável dos recursos.

2.2 Utilização dos solos no Camboja

A terra é considerada o recurso mais valioso do Camboja em termos de factores de produção agrícola e de desenvolvimento rural. Assim, o Governo do Camboja definiu uma política de utilização, gestão, ordenamento e distribuição das terras que seja eficaz, transparente, equitativa e sustentável e garanta a segurança alimentar, a redução da pobreza e o desenvolvimento socioeconómico.

O Camboja é constituído por uma capital, 23 províncias, 26 municípios, 159 distritos, 1621 comunas e 13827 aldeias. A superfície terrestre total é de 18,10 milhões de hectares, a terra cultivada representa 2,71 milhões de hectares e 1 milhão de hectares é ocupado por cidades, infra-estruturas e vias navegáveis. Para além disso, 3,27 milhões de hectares são ocupados por áreas protegidas, enquanto os lotes de pesca ocupam cerca de um milhão de hectares. As terras florestais e as florestas protegidas totalizam aproximadamente 5,71 milhões de hectares. As outras coberturas florestais são iguais a 1,75 milhões de hectares, incluindo 1,73 milhões de hectares de terras arbustivas. No entanto, cerca de 0,10 milhões de hectares de terra estão cobertos por minas terrestres, o que constitui um obstáculo ao cultivo. Em termos de concessão, 0,83 milhões de hectares de terras foram concedidos a investidores privados (SAR, 2010). De acordo com o inquérito socioeconómico realizado no Camboja em 2004, os sem-terra e os pobres em terra referem-se às pessoas que possuem terras com menos de 0,5 hectares, o que equivale a 26% dos agregados familiares nas zonas rurais do Camboja, segundo o Banco Mundial em 2006, enquanto outros dados mostram que, em 2008, 45% dos agregados familiares rurais possuíam menos de 1 hectare por agregado familiar, segundo o Cambodia Development Resource Institute (Sothath e Sophal, 2011).

2.2.1 Lei fundiária no Camboja

Primeira Lei de Terras de 1992

A primeira lei sobre terras, de 1992, foi aprovada com o objetivo de garantir o direito de propriedade das terras agrícolas e o direito de propriedade dos residentes, sendo dois os tipos de terras do Estado: as terras públicas e as terras privadas. Durante esse período, as terras privadas foram objeto de concessões e alienações. No entanto, esta lei corrigiu muitas deficiências encontradas no registo sem manter a segurança total da posse ou a gestão eficaz da terra e não respondeu ao programa nacional de registo sistemático (SAR, 2010).

Segunda Lei de Terras de 2001

No âmbito da realização dos Objectivos de Desenvolvimento do Milénio do Camboja, apoiada pela estratégia do Governo Real do Camboja para a redução da pobreza, a segunda lei fundiária publicada em 2001 contribuiu igualmente para garantir a posse dos direitos fundiários e a ameaça à propriedade entre os sem-terra e os pobres das zonas rurais do Camboja. Esta lei foi adoptada em 2001 pela Assembleia Nacional do Camboja, com o objetivo de regulamentar algumas grandes áreas, incluindo a concessão de terras económicas, as terras indígenas, os levantamentos cadastrais, os títulos de propriedade, a resolução de litígios, etc. Na aplicação desta lei, o Ministério do Ordenamento do Território, do Planeamento Urbano e da Construção (MLMUPC) centra-se na gestão, administração e redistribuição das terras (Halabi, 2005).

2.2.2 Propriedade de terrenos

No que diz respeito à propriedade de bens insubstituíveis, a Lei de Terras de 2001 apresenta os seguintes conteúdos principais: artigo 7.o : cada regime de propriedade anterior a 1979 não é aceite por esta lei; o artigo 18.o estabelece que são inválidas todas as formas de posse de bens públicos e privados do Estado após a aprovação desta lei. Artigo 29.º: os bens imóveis aceites a partir de 1989 podem ser considerados propriedade legal. Artigo 30.o : todos os ocupantes que possuam terrenos há mais de 5 anos sem conflitos antes da entrada em vigor da presente lei têm o direito de requerer a propriedade legal. Artigo 34.º: os novos ocupantes que ocupam terrenos após a entrada em vigor da presente lei são considerados beneficiários sem título. E o artigo 38: para converter qualquer posse de terra em propriedade imóvel, a propriedade não deve estar em conflito, apropriação ou disputa (CDC).

2.2.3 Posse da terra no Camboja

O registo e a titulação de terras no Camboja não foram enumerados ao nível das parcelas para todos os detentores de terras no país, mas pelo menos 600 000 milhões de certificados de posse de terras foram concedidos e reconhecidos ao nível das comunas, sendo esta certificação de terras considerada não oficial pelo Estado. Instados a converter a terra em propriedade de posse, os cambojanos, 4,5 milhões dos quais solicitaram a propriedade oficial da terra, obtiveram a propriedade segura da terra, tanto pública como privada, dos ministérios competentes através do registo sistemático da terra (SAR, 2010).

2.3 Reforma agrária

A reforma fundiária foi expressa no segundo retângulo do pilar de reforço da agricultura, o plano estratégico nacional de desenvolvimento 2009-2013 aprovado pelo Governo do Camboja, a fim de desenvolver um mercado fundiário eficiente e assegurar o desenvolvimento rural sustentável em termos de estabilidade social, sustentabilidade ambiental e estabilidade económica. No âmbito do desenvolvimento rural, a emissão de títulos de propriedade aos cidadãos constitui um meio de garantir a propriedade da terra e de aumentar a produtividade agrícola dos agricultores que detêm parcelas das suas terras cultivadas. Por outras palavras, também contribui para uma boa gestão da utilização da terra, para a eficiência da utilização da terra, especialmente para a garantia da segurança da posse da terra pelo Estado, e para a erradicação da pobreza rural, dando às pessoas o direito de acesso aos mercados financeiros através do seu título de propriedade.

O Estado possui 14,5 milhões de hectares de um total de 18,1 milhões de hectares em todo o país, enquanto 3,6 milhões de hectares são ocupados por particulares. Até 2001, a legislação fundiária previa o registo de cerca de 6 a 7 milhões de parcelas de terra de propriedade privada. Para apoiar esta lei, o Governo fixou um prazo de 15 anos para a realização do registo de terras no âmbito do programa de reforma agrária. Foram reconhecidas três categorias de propriedade fundiária, nomeadamente a propriedade pública, a propriedade colectiva e a propriedade privada (RGC, 2010).

No âmbito da estratégia nacional de desenvolvimento 2009-2013, foi implementada a fase II da estratégia retangular, na qual o reforço do sector agrícola faz parte da fase II da estratégia retangular do governo real da quarta legislatura da assembleia nacional e constitui uma base fundamental para o crescimento da economia e da economia rural, a equidade e a segurança alimentar. Este reforço compreende as quatro vertentes seguintes: i) Melhoria da produtividade agrícola e diversificação; ii) Reforma agrária e desminagem; iii) Reforma das pescas; e iv) Reforma florestal. Após a implementação do PEDN 2009-2013, a reforma agrária foi concretizada em termos de distribuição de terras ao abrigo de concessões sociais de terras: até 2013, foram atribuídas terras a cerca de 31 000 famílias ao abrigo do programa. Esta atribuição abrangeu concessões sociais de terras a cerca de 4 000 famílias (para veteranos, militantes, ex-soldados e respectivas famílias), SLCs a cerca de 7 000 famílias (para militantes e respectivas famílias estacionados nos territórios ocidentais e setentrionais do país), SLCs a cerca de 15 000 famílias (civis pobres) sob a forma de doação de terras e foram atribuídas terras a 5 000 famílias ao abrigo do Projeto de Atribuição de Terras para o Desenvolvimento Social e Económico (LASED), em cooperação com parceiros de desenvolvimento, ONGs nacionais e internacionais (NCDD, 2013; RGC, 2014).

Consequentemente, o governo real elaborou alguns pontos-chave, incluindo o planeamento da utilização das terras agrícolas e a zonagem das culturas, o plano de ação nacional sobre a gestão sustentável da utilização das terras, a orientação sobre a gestão e conservação da fertilidade dos solos, o reforço da capacidade de laboratórios complexos: Laboratório de Solos, Água e Plantas e Departamento de Gestão dos Recursos Agrícolas e Legislação Agrícola.

No entanto, o Camboja continua a ter necessidade de obter títulos de propriedade dos cidadãos, a fim de garantir a segurança da sua posse da terra, reduzir os litígios fundiários e melhorar o seu nível de vida, bem como desenvolver a economia nacional. A cobrança de impostos sobre a transferência de direitos fundiários ainda não está concluída e as informações fundiárias também ainda não foram actualizadas. A limitação dos funcionários técnicos, a participação e a responsabilidade das instituições relevantes dificultam o planeamento da gestão fundiária e urbana para evitar construções ilegais (RGC, 2014).

2.3.1 Concessão económica de terrenos

A agricultura é um sector essencial que contribui para o crescimento económico, garante a equidade, salvaguarda a segurança alimentar e desenvolve a economia rural. O Governo do Camboja tem a visão de transferir a agricultura tradicional, que está essencialmente ligada a recursos escassos, incluindo a terra e os recursos naturais, para uma agricultura moderna, alterando o seu âmbito e ritmo. Através da aplicação de novas tecnologias, da mecanização, de técnicas modernas de irrigação e da diversificação agrícola, os agricultores podem gerar rendimentos e sustentar os seus meios de subsistência de uma forma sustentável do ponto de vista ambiental. A comercialização na agricultura será promovida no futuro (MOP, 2013).

No início da década de 1990, o governo do Camboja concedeu a empresas privadas uma grande área de terra para plantação agrícola em grande escala através do sistema de concessão, que ocupou até 7 milhões de hectares, cerca de 70% das terras florestais (Dhiaulhaq, 2013). A lei fundiária de 2001 reconheceu três tipos de concessões concebidas para o desenvolvimento social e económico: 1) concessões fundiárias sociais para fins sociais, como a habitação e a agricultura de subsistência; 2) concessões fundiárias sociais para fins económicos (plantação agrícola industrial); e 3) concessões associadas à utilização, ao desenvolvimento ou à exploração de terras do Estado, como a exploração mineira, o porto, o aeroporto, o desenvolvimento industrial e a pesca. Por conseguinte, o Sub-Degree No.146 sobre as concessões de terras para fins económicos (2005) criou o quadro regulamentar e legal para conceder e gerir todas as concessões de terras com requisitos para realizar consultas públicas e avaliações de impacto ambiental e social, apesar de estas concessões terem efeitos prejudiciais para o direito e os meios de subsistência das comunidades rurais que provocaram o aumento da desflorestação. Esta concessão deu origem a conflitos entre a empresa e a comunidade local, uma vez que a área concedida se sobrepunha frequentemente às terras agrícolas (Dhiaulhaq, 2013).

2.3.2 Distribuição de terrenos

Trata-se de uma espécie de política nacional que foi preparada para a distribuição de terras no Camboja. A política inclui muitas actividades relacionadas com a investigação de terras em pousio, a anulação de contratos de concessão de terras económicas (ELC) sem exploração ou produção, a desminagem de terras e a reorganização dessas terras com vista à sua distribuição a longo, médio e curto prazo. O desenvolvimento de uma política de parceria entre pequenas, médias e grandes explorações agrícolas é acelerado no âmbito das concessões sociais e económicas de terras e do serviço de concessão de pequenos empréstimos aos concessionários sociais de terras e aos beneficiários de títulos de terras para melhorar os meios de subsistência. Além disso, o mecanismo da concessão social de terras é reforçado, em especial o comité responsável pela utilização e distribuição de terras a nível provincial e municipal, no âmbito do processo de implementação da distribuição e utilização de terras do Estado. As terras estão disponíveis para a concessão social de terras aos beneficiários provinciais e devidamente selecionados (Dhiaulhaq, 2013).

2.4 Terras agrícolas

Em 2012, a área total de uso da terra sob as principais culturas agrícolas era de cerca de 4,015 milhões de ha. O arroz é a cultura dominante, ocupando cerca de 2,968 milhões de ha; as culturas não relacionadas com o arroz são cultivadas em cerca de 1,047 milhões de ha (MAFF, 2012). As terras agrícolas podem ser classificadas em duas regiões topográficas distintas: terras baixas e terras altas. Os solos das terras baixas suportam principalmente a cultura do arroz intercalada com culturas arvenses, hortas e árvores de fruto. As terras altas são principalmente utilizadas para plantações de borracha, milho, mandioca, soja, feijão-mungo, amendoim, sésamo, cana-de-açúcar e árvores de fruto (Santacroce, 2008).

Tabela 1 Percentagem de aldeias em cada zona ecológica onde as práticas culturais são Frequentemente aplicado

Location	**Crop practices**				
	Slash and Burn	**Fallow practice**	**Intercropping**	**Use of organic fertilizer**	**Use of inorganic fertilizer**
Coastal	--	22%	22%	62%	62%
Phnom Penh	--	--	--	--	100%
Plain	14%	--	23%	44%	55%
Plateau/Mt	58%	--	47%	60%	12%
Tonle Sap	25%	3%	8%	43%	62%
Mean value	**24%**	**5%**	**20%**	**42%**	**58%**

Fonte: Programa Alimentar Mundial (2008)

Na zona montanhosa da província de Ratanak Kiri, verificou-se uma utilização heterogénea das terras agrícolas, tais como mandioca misturada com caju, pousio e plantação de seringueiras, exploração agrícola de caju jovem com cajueiros jovens, exploração agrícola de caju velho com arrozais. Nesta região, a maior parte das terras era dominada por populações indígenas que praticavam um modo de vida tradicional e uma agricultura baseada em sistemas de culturas múltiplas, incluindo o cultivo de arroz e de produtos alimentares de base. O cultivo itinerante é normalmente praticado em função da distribuição topográfica e do tipo de solo; a árvore de fruto era cultivada na altitude mais elevada, enquanto o pimento e a beringela, como legumes, eram plantados junto à casa da quinta (Hor, Saizen, Tsutsumida, Watanabe e Kobayashi, 2014).

2.4 Segurança da posse da terra e redução da pobreza

A concessão de títulos de propriedade aos cidadãos cambojanos é um meio de garantir o direito de propriedade da terra, que é utilizada de forma eficaz e produtiva, e contribui igualmente para a redução da pobreza e para o desenvolvimento económico rural através do aumento do acesso ao crédito, do investimento na agricultura, do mercado fundiário, da administração fundiária e da diminuição dos litígios sobre a terra. Em termos de acesso ao crédito, a posse da terra é um ativo seguro para a concessão de empréstimos, podendo as pessoas depositar as suas terras para terem acesso ao crédito. Além disso, as pessoas têm o direito legal de utilizar as suas terras, pelo que aumentarão os rendimentos e gerarão receitas através do investimento na agricultura. Por outras palavras, os mercados fundiários significam que a terra tem valor. Através da administração fundiária: o comércio e a herança de terras serão processados pelos serviços de registo fundiário e os litígios diminuirão a frequência da usurpação de terras, dos litígios e dos conflitos, limitando os limites das parcelas e os procedimentos de transação através da declaração de propriedade. Esta hipótese foi afirmada pelo Fórum das ONG sobre o Camboja, 2007. No entanto, a posse da terra tem uma influência positiva na melhoria da situação das pessoas, mas esta hipótese não pode ser aplicada a todas as situações e zonas, porque algumas pessoas que não têm acesso a serviços sociais, boas infra-estruturas, mão de obra suficiente, emprego alternativo ou apoio de instituições podem ser obrigadas a vender terras para satisfazer as suas necessidades básicas ou para fazer face a situações de emergência, em vez de investirem em terras agrícolas (NGO Forum on Cambodia, 2007).

2.5 Definição de pequeno agricultor

A definição de pequenos agricultores foi identificada através de vários meios. O mais óbvio para a medição da escala da exploração agrícola depende do tamanho e várias fontes denotam pequenas explorações agrícolas, aquelas com menos de 2 hectares de terra de cultivo. Da mesma forma, outras descrições de pequenas explorações agrícolas referem-se àquelas com recursos limitados, incluindo terra, capital, competências e mão de obra. De qualquer forma, outros autores sublinharam que as pequenas explorações produzem regularmente com a baixa tecnologia utilizada; dependem maioritariamente dos membros da família e da agricultura de subsistência para o consumo do agregado familiar (Hazell et al., 2007).

De acordo com Calcaterra (2013), os pequenos agricultores são definidos com base em alguns indicadores como a orientação para o mercado, a dimensão da propriedade, a mão de obra, a responsabilidade pela gestão da exploração, o rendimento e o sistema de exploração. De acordo com estas definições, existem 500 milhões de pequenas explorações agrícolas no mundo, das quais cerca de 87 % são pequenas explorações (menos de 2 ha) concentradas na Ásia e na região do Pacífico (Thapa e Gaiha, 2011). As pequenas explorações agrícolas continuam a dar um contributo significativo para a segurança alimentar, a produção agrícola, a redução da pobreza rural e a conservação da biodiversidade, apesar dos obstáculos que enfrentam no acesso aos recursos produtivos e à prestação de serviços. Além disso, enfrentam novos desafios no que respeita à integração nas cadeias de produção de elevado valor, à adaptação às alterações climáticas, à volatilidade do mercado e a outros riscos e vulnerabilidades (Thapa e Gaiha, 2011).

2.6 Pequenos agricultores no Camboja

A produtividade da agricultura do Camboja continua a ser baixa, tanto em termos de mão de obra (cerca de 170 dólares/trabalhador) como em termos de terra (518 dólares/ha), tal como referido no Agrifood Consulting International, 2005.

De um modo geral, a estrutura agrária do país foi classificada em três categorias: pequena, média e grande. As pequenas explorações agrícolas referem-se a proprietários de terras com menos de 3 hectares, enquanto as explorações médias têm entre 3 e 10 hectares e as grandes têm mais de 10 hectares. Uma investigação baseada em dados concretos do Agri-Business Institute Cambodia (ABiC), realizada em 2005, revelou que 94,3% das explorações agrícolas no Camboja são pequenas, as médias representam 5,6% e as grandes 0,8% (Ngo Sothath e Sophal, 2011). A propósito, o inquérito socioeconómico do Camboja de 2013 revelou que 56% dos agregados familiares com terras agrícolas têm menos de 1 hectare, o que significa que esses agregados familiares são sem terra e pobres em terra. Se compararmos por áreas, as explorações agrícolas familiares cuja terra é inferior a 1 hactar em Phnom Penh são 69%, seguidas por 67% das famílias na planície, as terras agrícolas em torno da zona de Tonle Sap, a costa e o planalto/montanha representam 42%, 61% e 52%, respetivamente (Instituto Nacional de Estatística e Ministério do Planeamento, 2014).

2.6.1 Segurança da posse da terra para os pequenos agricultores

É amplamente reconhecido pelo governo e pela comunidade internacional que se registaram progressos significativos na segurança da posse da terra por parte dos pequenos agricultores e no reconhecimento dos direitos das comunidades indígenas à terra comunal. No entanto, o Governo também reconhece que os procedimentos podem ser sempre melhorados e que o processo de titulação de terras, embora seja muito eficiente e bem sucedido, poderia ser acelerado e alargado em termos de âmbito com o apoio adicional dos doadores. É uma prioridade do governo libertar mais terras para concessões sociais, em particular para os veteranos e suas famílias e para os mais pobres. Ao mesmo tempo, o reconhecimento legal dos direitos das comunidades indígenas às terras comunitárias deve refletir-se no terreno (MAFF, 2010).

2.6.2 Política e regulamentação para os pequenos agricultores

As terras do Estado foram convertidas em propriedade individual através da concessão social de terras, promovendo a sustentabilidade da utilização das terras e a segurança da sua posse para os agricultores. É óbvio que a concessão social de terras está a atuar como um mecanismo útil para tornar os agricultores sem terra acessíveis a terras irregulares, tanto para viver como para cultivar, e depois a posse provisória da terra foi descartada e substituída pela propriedade legal da terra. Para obter esta propriedade, qualquer agricultor que tenha ocupado as suas terras durante mais de cinco anos será considerado elegível para requerer títulos de propriedade e, mais importante ainda, através deste mecanismo de SLC, as terras do Estado são libertadas e concedidas de forma transparente e ordenada, com o apoio e em conformidade com os objectivos de desenvolvimento do governo (MAFF, 2010).

2.6.3 Impacto das alterações climáticas na agricultura e nos pequenos agricultores

De acordo com o Fundo Internacional de Desenvolvimento Agrícola, em 2008, as alterações climáticas agravar-se-ão e afectarão sobretudo as pessoas mais pobres e vulneráveis. O sector agrícola é o mais sensível ao aquecimento global e a produtividade agrícola poderá diminuir normalmente entre 10 e 25% até 2080, segundo os dados do Painel Intergovernamental sobre as Alterações Climáticas (IPCC), sendo que alguns países, em especial, enfrentarão uma diminuição de até 50% no rendimento da agricultura de sequeiro.

Nos países em desenvolvimento, as famílias rurais que dependem da agricultura de subsistência e os pequenos agricultores são os mais vulneráveis ao impacto das alterações climáticas. As pessoas que serão afectadas por este impacto em diferentes locais e as suas potenciais respostas para fazer face às alterações climáticas estão ainda numa fase inicial, mesmo para os investigadores e os governos. No entanto, a forma como as alterações climáticas afectam os pequenos agricultores é a seguinte: aumento do fracasso das colheitas, das doenças e da mortalidade do gado, insegurança dos meios de subsistência, endividamento, venda de propriedades, emigração e falta de alimentos, o que resulta num obstáculo ao desenvolvimento humano em termos de saúde e educação. Este impacto acontece devido à localização mais isolada, à pequena dimensão das explorações, à insegurança da posse da terra, à falta de acesso à tecnologia, à falta de empregos alternativos e à exposição imprevisível e indesejável aos mercados mundiais. Além disso, a integração dos pequenos agricultores nas estruturas e mecanismos emergentes para lidar com as alterações climáticas tem sido limitada. Têm pouco acesso a recursos e conhecimentos científicos que lhes permitam enfrentar eficazmente os desafios emergentes das alterações climáticas (FIDA, 2008).

2.7 Desafios actuais enfrentados pelos pequenos agricultores do Camboja

2.7.1 Pressão demográfica sobre as terras

A população do Camboja aumentou de 13,4 milhões em 2008 para 14,6 milhões em 2013 (RGC, 2014). De acordo com o Banco Mundial, o crescimento da população (% anual) no Camboja continua a aumentar de ano para ano. Desde 1990, a taxa de crescimento anual da população foi de 3,5, 1,8 em 2000, 1,1 em 2010 e a última medida foi de 1,76 em 2012 (Banco Mundial). De acordo com as estatísticas demográficas das Nações Unidas de 2006, a população do Camboja será 19% superior à população de 2010 até 2020 e a população rural deverá aumentar a um ritmo de cerca de 158 000 habitantes por ano (Broadhead e Izquierdo 2010). O aumento da população provoca uma procura crescente de terras devido à expansão da agricultura, a fim de satisfazer as necessidades básicas. Por exemplo, um agregado familiar contém cinco membros da família e, se cada agregado familiar precisar de 2 hectares de terras agrícolas, isso significa que a procura de novas terras agrícolas é de 63 000 hectares por ano (0,36 % da superfície terrestre do país). É evidente que a demografia continua a exercer uma grande pressão sobre as terras, o que resulta em recursos escassos. Mesmo as famílias mais jovens enfrentam uma posição fraca no mercado fundiário: poucas terras não utilizadas, preços elevados das terras e falta de acesso às terras herdadas dos pais (Engvall e Kokko, 2007).

Cerca de 63,46% das terras agrícolas não estão disponíveis para os agricultores locais, o que cria uma situação de risco para outras gerações cambojanas. Quando os agricultores locais são despojados da posse da terra, as pessoas pobres das zonas rurais recorrem à venda da sua força de trabalho para ganhar a vida (Muth, 1961; Oldenburg e Neef, 2013).

As tensões sociais reduziram o acesso às terras agrícolas e à propriedade fundiária devido ao aumento do crescimento demográfico e à crescente imigração, o que provoca grandes alterações nos padrões de utilização das terras. Em consequência, os solos de montanha estão sujeitos a uma grande erosão e as bacias hidrográficas estão altamente poluídas, pelo que o potencial de produção agrícola diminuiu significativamente. Dado que vastas terras aráveis foram convertidas de forma alarmante em zonas urbanas para fins não agrícolas, o país não conseguirá evitar o risco de insegurança alimentar (Vang, 2013).

Outro autor concluiu que o rácio população-terra é o mais elevado na área explorada; o aumento da população é um fator importante que conduz à escassez de terras agrícolas, à diminuição das actividades agrícolas para pequenas dimensões e à fragmentação das unidades agrícolas (Bizimana, Nieuwoudt e Ferrer, 2004).

2.7.2 Restrições à produção

Devido à importação insuficiente de insumos agrícolas de boa qualidade, como sementes, fertilizantes e pesticidas, os agricultores cambojanos não conseguem produzir culturas de boa qualidade; por conseguinte, insumos agrícolas qualificados e fiáveis continuam a ser uma grande ameaça à produtividade agrícola e à qualidade dos produtos agrícolas (RGC, 2010). Foi em 2018 que o aumento dos preços dos factores de produção agrícola fez subir os custos de produção em 30% para o arroz da estação seca e 70% para o arroz da estação húmida. Entretanto, a produção de milho, mandioca e soja sofreu custos crescentes de 45% no total (Silva et al., 2014). Chea e Kambuja (2011) descobriram que os agricultores eram desencorajados a plantar arroz de sequeiro quando o seu preço de mercado flutuava frequentemente, embora os seus rendimentos fossem comprovadamente elevados.

2.7.2.1 Conhecimentos agrícolas

A melhoria da produção agrícola continua a ser dificultada pelo facto de os agricultores terem poucos conhecimentos recentes sobre a forma de utilizar plenamente os recursos fundiários disponíveis. Este conceito permite perceber que, apesar de terem a intenção de fazer um bom uso desses recursos, o apoio tecnológico e financeiro é obviamente inadequado, com a ausência de políticas governamentais para gerir corretamente o uso da terra. Além disso, a informação de mercado é de grande importância para o sucesso dos agricultores, mas não está bem difundida. Certamente, a proteção das terras agrícolas é insegura, uma vez que ainda faltam práticas básicas de conservação (Vang, 2013). No entanto, Oni, Maliwichi e Obadire (2010) argumentaram que a educação não era um constrangimento importante para a participação em actividades agrícolas.

A investigação foi feita com factores que influenciam a adoção de inovações tecnológicas que têm sido frequentemente identificados como sendo influentes na determinação da adoção de uma inovação agrícola, incluindo: dimensão da exploração, exposição ao risco e capacidade de suportar riscos, capital humano, disponibilidade de mão de obra, restrições de crédito, posse e acesso aos mercados de produtos de base, tal como afirmado por Feder et al. (1985 citado por Zeller, Diagne e Mataya, 1998).

2.7.2.2 Incerteza da posse, dimensão da exploração e tendências dos mercados fundiários

Sabe-se que a terra é um fator fundamental para determinar o desempenho da produção e a dimensão da desigualdade, quando se pretende abordar a agricultura em termos de segurança alimentar. Sokha et al. (2008) e Tong, Hem, Santos e Kambuja (2011) mostram que a falta de terra e a quase falta de terra constituem uma das principais preocupações da maioria dos agregados familiares rurais do Camboja, devido à falta de direitos de propriedade formais sobre a terra - um dos principais factores de pobreza rural e uma limitação ao crescimento da produtividade agrícola. De facto, estima-se que cerca de 20% dos cambojanos rurais não têm terra, enquanto 20-25% têm menos de 0,5 hectares. Com base nestes dados, considera-se que quase metade das famílias rurais não tem capacidade para produzir alimentos suficientes para satisfazer as suas necessidades alimentares. De facto, os agricultores que possuem um hectare de terra conseguem aumentar o rendimento das culturas, enquanto os pequenos agricultores sofrem com o aumento dos custos de produção, o que resulta num declínio do rendimento do arroz na estação húmida e na estação seca (Phirun, 2012). Sempre que os preços dos factores de produção agrícola sobem, a produtividade da terra dos pequenos proprietários diminui. Recentemente, os preços dos factores de produção agrícola duplicaram nos últimos dois anos, o que prejudicou a capacidade dos pequenos agricultores de diversificarem e intensificarem a sua produção agrícola (Silva et al., 2014). Além disso, os resultados de outros estudos revelaram que a dimensão da exploração agrícola tem uma relação negativa significativa com a intensidade do uso da terra (Udoh, Akpan e Effiong, 2011).

2.7.2.3 Potencial do direito de propriedade

O valor da terra e a produtividade da terra são cruciais para reforçar os meios de subsistência rurais e estão estreitamente ligados à adequação do investimento na agricultura. Sabe-se que os direitos de propriedade são capazes de aumentar o investimento agrícola de três formas distintas. Obviamente, começaram por desempenhar um papel importante no aumento da confiança dos proprietários de terras agrícolas para tirarem partido das suas terras. Quando os agricultores estão confiantes, sentem-se altamente motivados para aumentar a sua produção. Para além disso, o crédito rural é facilmente acessível quando os agricultores têm direitos de propriedade seguros sobre a terra, pelo que esta pode ser utilizada como garantia (Besley, 1995). Do mesmo modo, Auffret (2003) analisa os factores determinantes da produtividade agrícola do Camboja e conclui que os agricultores enfrentam restrições de crédito, pelo que a sua produção agrícola continua a ser feita em pequena escala. É dedutível que a produtividade agrícola pode ser aumentada facilitando o comércio de terras se os agricultores tiverem efetivamente direitos de propriedade.

Além disso, um mercado fundiário ativo torna-se um meio de aumentar potencialmente a produtividade agrícola quando as terras agrícolas são transferidas para quem as utiliza mais eficazmente. Embora a transferência de terras seja benéfica para aumentar a produtividade das terras, continua a não ser aplicável quando os mercados de trabalho, de capitais ou de seguros são imperfeitos (Deininger e Feder, 2001). A titulação das terras tem efetivamente um impacto importante no aumento da produção agrícola. É óbvio que a titulação de terras no Vietname aumentou a diversificação para culturas perenes, pelo que a mão de obra na agricultura é utilizada mais ativamente (Do e Iyer, 2008).

Quando introduzidos no Camboja, os direitos de propriedade formais têm um efeito positivo na produtividade agrícola e no valor da terra, com significado económico e estatístico, o que sugere que o governo deve utilizar a certificação das terras como um instrumento político eficaz. Além disso, a capacidade do Estado também é importante para pôr em prática esta política (Markussen, 2008).

2.7.3 Falta de subsídios do governo

De acordo com uma pesquisa realizada por Udoh et al. (2011), sugeriu-se que a melhoria da terra agrícola e do padrão de cultivo, a intervenção do governo em espécie de insumos adequados e acessíveis, como a boa qualidade das sementes, herbicidas, práticas agrícolas e fertilizantes para pequenos agricultores é um esforço muito significativo para aumentar o rendimento, diminuir o risco e ajudar a minimizar a tendência de intensificação do uso da terra. A propósito, para melhorar a segurança alimentar e reduzir a vulnerabilidade das famílias nas zonas rurais e urbanas, é necessária uma abordagem multissectorial e integrada, pelo que o investimento em infra-estruturas, a intervenção na produtividade agrícola, a diversificação das culturas e a melhoria do sector dos serviços, especialmente a educação e a saúde, e a expansão do mercado são muito procurados pelos pequenos agricultores (Santacroce, 2008).

2.7.4 Participação pública e privada na utilização das terras agrícolas

As questões da posse da terra e da política fundiária conduziram a disparidades no sector agrícola cambojano, o que levou o governo a introduzir a política fundiária agrícola nacional para promover concessões económicas em grande escala, negligenciando a inovação a longo prazo e a melhoria dos sistemas agrícolas dos pequenos agricultores. Devido às concessões económicas de terras, os investimentos estrangeiros criaram uma produção vegetal permanente, incluindo a castanha de caju e a seringueira, que se encontram nas zonas de montanha do Camboja. Com base nos critérios topográficos cambojanos, as terras altas são definidas como estando acima dos 20 metros e classificadas por um equilíbrio desproporcionado entre as pessoas e a terra disponível. É óbvio que as zonas de montanha definidas para o Camboja se distinguem das nações montanhosas vizinhas, como a Tailândia, o Laos e o Vietname, onde as zonas de montanha devem ter 300 ou 400 metros de altura. As zonas de montanha do Camboja são pouco povoadas e têm menos actividades económicas, ao passo que as terras baixas e a planície central estão repletas de pessoas com diferentes oportunidades de emprego. Recentemente, novos colonos e trabalhadores migratórios deslocam-se para as zonas de montanha em busca de trabalho (Mund, 2010).

2.7.5 Lacunas nas políticas do sector agrícola

Embora o sector agrícola seja considerado prioritário como motor de crescimento económico, tal como estabelecido nas políticas governamentais, continua a ser mal orçamentado e representa cerca de 1% do PIB total. É óbvio que este sector é mal financiado e altamente negligenciado pelo Estado, o que não corresponde ao que está escrito nas políticas.

Em termos de orçamento agrícola, o governo não especifica um plano estratégico a longo prazo para as culturas, mas as culturas de arroz e de entulho são as mais visadas. No entanto, o milho, a soja e a mandioca figuram predominantemente na lista das culturas mais necessárias, apesar da falta de segurança do mercado. Esta situação agrava-se quando as políticas nunca mencionam a melhoria do mercado para estas culturas, enquanto algumas políticas continuam a centrar-se no aumento da produção agrícola com o objetivo de proporcionar uma alimentação adequada à população.

Em termos de orçamento agrícola, o governo não especifica um plano estratégico a longo prazo para as culturas, mas as culturas de arroz e de entulho são as mais visadas. No entanto, o milho, a soja e a mandioca figuram predominantemente na lista das culturas mais necessárias, apesar da falta de segurança do mercado. Esta situação agrava-se quando as políticas nunca mencionam a melhoria do mercado para estas culturas, ao passo que algumas políticas ainda se centram no aumento da produção agrícola com o objetivo de proporcionar uma alimentação adequada à população. Embora as políticas de reforma agrária prestem atenção às pessoas sem terra, cerca de um quarto das famílias rurais tem pouco acesso a terras agrícolas, o que resulta em escassez de alimentos e pobreza. Mais lamentavelmente, as políticas nem sequer especificam medidas para remediar estas circunstâncias.

Devido a políticas pouco claras, o PEDN 2006-2010 subestimou a capacidade de produção de arroz, ao estabelecer como objetivo apenas 2,4 toneladas de arroz por hectare em 2004, mas o resultado foi de 2,5 toneladas, ou seja, um valor ainda mais elevado do que o previsto. Além disso, o Governo planeou cultivar 2,5 milhões de hectares de terras agrícolas em 2010, mas o objetivo foi alcançado quatro anos antes. Devido a esta previsão incorrecta, os Estados voltaram a visar 2,8 toneladas de arroz por hectare até 2010. Isto indica claramente uma cooperação relutante e pouca coordenação entre os ministérios envolvidos, o que conduziu a um processo de planeamento incerto (Vuthy e Ra, 2011).

A lei fundiária do Camboja foi reajustada várias vezes para se adaptar às zonas rurais, na esperança de atribuir melhor as terras às pessoas sem terra, mas a disparidade fundiária continua a ser uma preocupação crescente. Apesar da lei em vigor, poucas pessoas que vivem em zonas remotas têm acesso a documentos oficiais que comprovem a sua propriedade. Além disso, a dimensão das terras agrícolas individuais é tão pequena que o rendimento económico seria baixo. As terras agrícolas têm sido duramente afectadas pelas alterações climáticas, que podem até piorar os meios de subsistência rurais e a boa gestão da utilização das terras. Os meios de produção também são considerados muito importantes para a produção agrícola. A mão de obra disponível para cada agregado familiar é pouco acessível, uma vez que os jovens preferem emigrar, deixando aos idosos a tarefa de continuar o cultivo. No entanto, apesar dos baixos subsídios concedidos pelo governo, este também contribui ligeiramente para reduzir o custo dos factores de produção em que os agricultores têm de incorrer, de modo a motivá-los a aumentar os produtos agrícolas para exportação.

2.9 Quadro concetual

Muitos estudos partem do pressuposto de que o crescimento da população sem controlo, a extensão agrícola, a agricultura intensiva, a falta de acesso à terra, a insegurança dos direitos de propriedade, a falta de acesso ao mercado, as políticas fundiárias e os factores biológicos continuam a ser problemas para os pequenos agricultores e para o desenvolvimento económico.

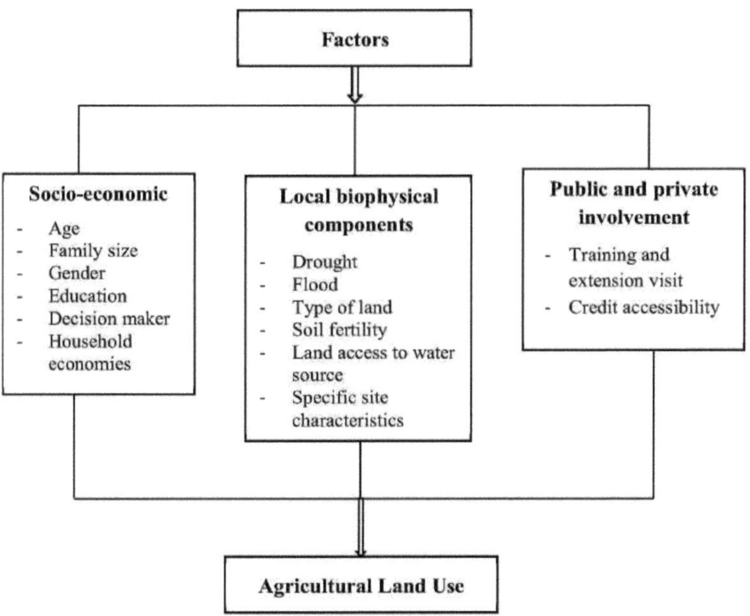

Figura 1 Quadro concetual

CAPÍTULO III
METODOLOGIA DE INVESTIGAÇÃO

3.1 Conceção da investigação

O estudo dos factores relacionados com a utilização dos solos procura desenvolver afirmações verdadeiras e pertinentes, que possam servir para explicar a situação que preocupa ou que descrevam as relações causais de interesse, e o método misto, tanto qualitativo como quantitativo, é aplicado neste caso. Esta investigação é concluída com êxito através da combinação dos métodos mistos e da avaliação rápida rural relacionada com os métodos de campo, tais como observações e entrevistas (dados qualitativos) e juntamente com os inquéritos tradicionais (dados quantitativos) (Sieber, 1973).

A investigação quantitativa correlacional tem por objetivo investigar e explicar sistematicamente a natureza da relação entre variáveis. Frequentemente, são analisados os dados quantificáveis (ou seja, os dados que podemos quantificar ou contar) dos estudos descritivos. Os estudos de investigação correlacional descrevem simplesmente o que existe e preocupam-se em investigar sistematicamente as relações entre duas ou mais variáveis de interesse (Creswell, 2003).

A investigação qualitativa que lida com a fenomenologia na essência das experiências humanas é descrita pelos participantes no estudo. O estudo tenta compreender a experiência de utilização das terras agrícolas pelos pequenos agricultores e o tipo de problemas com que os agricultores se confrontam, o que marca a fenomenologia como filosofia, bem como o método e a técnica associados ao estudo de um pequeno número de indivíduos. Por vezes, o investigador utiliza experiências próprias para compreender os participantes no estudo (Creswell, 2003).

3.2 Unidade de análise

No que diz respeito à utilização das terras agrícolas pelos agricultores, estreitamente relacionada com o agregado familiar ao nível da exploração agrícola, é necessária informação associada à família em termos de rendimento do agregado familiar, custo de produção, rendimento das colheitas, e esses termos são produzidos pelos membros da família. Por outro lado, as actividades agrícolas podem ser processadas quando todos os membros participam na ação, mas a níveis diferentes. No Camboja, os pequenos agricultores referem-se aos proprietários de terras com menos de 3 hectares (Sothath e Sophal, 2011), pelo que constituem a unidade de análise do presente estudo.

3.3 Local de estudo

Foi selecionada uma aldeia da comuna de Samroang através do método intencional. Ouheng é a única aldeia onde a investigação será efectuada. Na realidade, os agricultores que residem na área-alvo ainda não possuem os conhecimentos necessários para a prática da agricultura, o que constitui uma ameaça à melhoria da produtividade agrícola. Além disso, embora pretendam intensificar as culturas para obter mais rendimentos, enfrentam escassez de capital para investimento, o que dificulta a obtenção de factores de produção importantes para acelerar o rendimento das culturas. Mais importante ainda, as novas tecnologias são inaplicáveis aos agricultores que não dispõem de ferramentas suficientes para as praticar e, sobretudo, são muito poucos os extensionistas que lhes dão formação. Por conseguinte, compreender como os pequenos agricultores gerem as suas terras para ganhar a vida é muito importante para obter informações sobre o sector agrícola no Camboja (CDB, 2015).

A população total desta aldeia é de 942 pessoas, ou seja, 229 famílias. 65,40% das pessoas têm idades compreendidas entre os 18 e os 60 anos, o que significa que são reconhecidas como trabalhadores de pleno direito nas actividades económicas das famílias. A taxa de crescimento da população aumenta de ano para ano de 6,5% em 2009 para 9,5% em 2015, com base na Base de Dados Comunitária de 2015. Os agricultores representam 99,22% da população total e totalizam 229 agregados familiares, dos quais 29,55%, ou seja, 60 agregados familiares, têm terras com menos de 3 hectares. A área total de terra da aldeia é de 361 ha: 35 ha de terra residencial, 80 ha de pomar e 246 ha de arrozal.

Com base na Base de Dados Comunitária (CDB) em 2015, as actividades agrícolas na aldeia de Ouheng incluem 99,22% de agricultura à base de arroz, 3,5% de culturas de longo prazo, 2,9% de culturas de curto prazo, 50% de vegetais e 2,35% de gado. Esta aldeia situa-se na parte ocidental do Camboja e está ligada à capital Phnom Penh a noroeste, a uma distância de 217 quilómetros da cidade. Além disso, a aldeia fica perto da ribeira de Pursat, razão pela qual a terra é muito interessante para o investimento em culturas de rendimento.

3.4 Visão geral da aldeia de Ouheng

Esta aldeia está situada na parte ocidental do Camboja e está ligada à capital Phnom Penh a noroeste, a uma distância de 217 quilómetros da cidade. Além disso, a aldeia fica perto da ribeira de Pursat e é por esta razão que a terra é muito interessante para o investimento em culturas de rendimento.

Figura 2 Mapas da aldeia de Ouheng, Camboja, por CDB (2015)

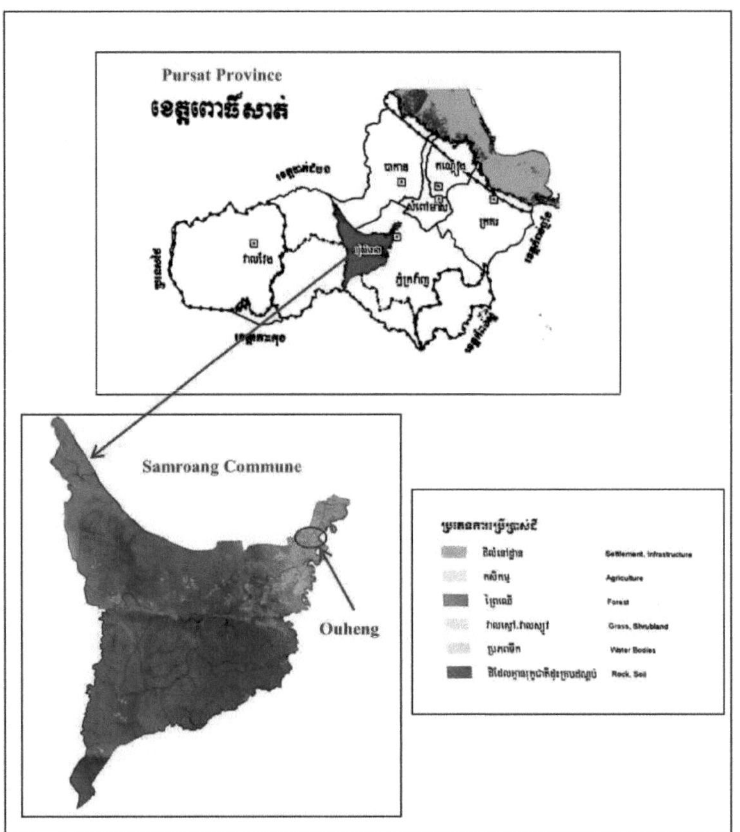

Esta aldeia situa-se na zona central entre a floresta e a planície e está ligada à ribeira de Pursat. Existe um canal chamado Ouheng que atravessa a aldeia e fornece água para as culturas e os animais durante todo o ano. A aldeia faz fronteira com a aldeia de Prakbey, perto do centro da comuna, e com as terras altas da zona florestal, a sul, e desce para as terras baixas, perto do ribeiro sazonal e da aldeia de Bospouy, a leste, ligando-se à aldeia de Prahours Kbal, a oeste, e à aldeia de Samroang Mouy, que se abre para planícies férteis, a norte.

Após o fim do regime de Pol Pot em 1979, dez famílias residiram na aldeia até 1989 e o lago e o canal estavam cheios de floresta verde. De 1989 a 1993, a população aumentou e começou a cultivar a área perto do canal e a limpar as terras florestais para cultivo, o que causou a degradação da densidade florestal. Desde então, a floresta está maioritariamente destruída e é comum a limpeza de terrenos para converter em campos de arroz na área em redor do lago e do canal (LWDO, 2011).

Em termos de infra-estruturas físicas, estas são insuficientes para servir toda a população desta aldeia, uma vez que as pontes e as estradas estão em mau estado, e mesmo os poços de bombagem estão avariados e alguns apresentam deficiência de ferro férrico (CDB, 2014).

3.4.1 Cultivo de arroz

Os agricultores cultivam arroz uma vez por ano e o rendimento não é muito satisfatório, sendo de 2 toneladas/ha. Concretamente, os aldeões continuam a utilizar variedades tradicionais de arroz, tanto de média como de longa duração, nomeadamente as variedades de arroz Somaly, Chong Brala, Raing Chey e Koun Chin.

As sementes de arroz raramente são compradas no mercado, porque os agricultores normalmente guardam algumas das colheitas para a produção seguinte e, se lhes faltarem algumas sementes, podem comprá-las a outros aldeões.

Para garantir alimentos suficientes para consumir e vender, a maioria dos agricultores começou a comprar fertilizantes industriais para acelerar o crescimento do arroz, o que representa 70 %.

3.4.2 Produção de vegetais e árvores de fruto

Uma vez que os agricultores podem retirar água do ribeiro para irrigar os terrenos agrícolas, cerca de 50% da população cultiva legumes como feijão de corda, feijão-mungo, amendoim e erva-cidreira na estação seca. Para além disso, algumas das pessoas também cultivam laranjas como fonte de rendimento, para além da produção de arroz e de legumes. As bananeiras são cultivadas em cada casa e variam em número de 10 a 25 árvores por família.

Desde 2012, um grande número de agricultores tem sido atraído para plantar mandioca porque esperam que esta cultura possa melhorar a sua condição de vida. Assim, os agricultores reservam 2 ou 3 hectares de terra para cultivar mandioca que compram ao Vietname. Esta cultura é cultivada de abril a janeiro.

3.4.3 Actividades de criação de animais

Antes de 2008, cada agregado familiar da aldeia tinha 8 ou 10 vacas e, nessa altura, a população total era de 185 agregados familiares. No entanto, hoje em dia, o número de cabeças de gado de cada família diminuiu para 5 ou 6 cabeças devido à introdução da mecanização que pode acelerar as actividades agrícolas.

Além disso, os aldeões também criam galinhas e porcos de forma tradicional, pelo que a produção ainda é pequena, enquanto as galinhas são criadas ao ar livre. Cada agricultor possui até 30 galinhas e 2 ou 3 porcos.

3.4.4 Utilização de máquinas

Até agora, o número total de motocultivadores é de 25 unidades, pelo que os agricultores que não têm um motocultivador podem alugar um para arar a terra ou, por vezes, são alugados tractores de fora da aldeia. No entanto, o custo da lavoura continua a ser semelhante, ou seja, 150.000 riel/ha. Antes de 2012, os aldeões ainda colhiam o arroz à mão, pedindo ajuda a outros aldeões, entre 10 a 40 pessoas. Depois, podiam ajudá-los quando lhes era pedido. No entanto, cerca de 50% da população total contrata agora ceifeiras-debulhadoras para as actividades de colheita, e essas máquinas não são propriedade dos aldeões, mas de pessoas que vêm de outras províncias como Takeo e Prey Veng. Os aldeões que alugam uma ceifeira-debulhadora têm de pagar 450.000 riel/ha.

3.4 Processo de amostragem e dimensão da amostra

3.5.1 Método de amostragem

A amostragem selectiva é utilizada nesta investigação com base em critérios como o agregado familiar com actividades agrícolas como ocupação. Do número total de agregados familiares que vivem na aldeia de Ouheng, foram excluídos os agregados familiares com actividades não agrícolas e apenas foram selecionados e considerados para o estudo os agregados familiares com terrenos agrícolas com menos de 3 hectares.

3.5.2 Tamanho da amostra

De acordo com a Base de Dados Comunitária de 2015, o agregado familiar da aldeia de Ouheng é constituído por 229 agregados familiares no total, 203 dos quais praticavam actividades agrícolas como ocupação principal (culturas integradas). O número total de agregados familiares com terras agrícolas inferiores a 3 hectares era igual a 60 pessoas, e entre eles, 30 agregados familiares foram selecionados desta aldeia usando amostragem intencional para este estudo. Para além dos agregados familiares selecionados para a entrevista, foram definidos dois grupos de agricultores para a discussão em grupo, com 10 pessoas em cada grupo. Além disso, as entrevistas aos informadores-chave consistiram em 1 chefe de aldeia, 1 chefe de comuna e o chefe do departamento de agricultura, tendo sido efectuadas com recurso a guias de entrevista. A informação recolhida junto dos informadores-chave é tão específica e pormenorizada que os dados podem ser justificados acrescentando mais pontos de vista extra àqueles que têm uma experiência diferente em termos de utilização da terra e factores relacionados.

3.5 Recolha de dados

3.6.1 Fontes de dados secundários

Os dados secundários podem ser provenientes de outros resultados de investigação, de revistas e artigos publicados, de livros, de registos organizacionais e da Internet, sob a forma mais acessível. Estes dados são muito úteis para a conceção da investigação primária de resultados, pois fornecem as informações específicas, os antecedentes necessários e uma base de referência que é utilizada para comparar os resultados da investigação primária e as diretrizes para a realização da investigação. Além disso, estes dados têm geralmente um grau pré-estabelecido de validade e fiabilidade que é reutilizado por outros investigadores. No que diz respeito à utilização das terras agrícolas pelos pequenos agricultores, foram atribuídas muitas variáveis e dependem de alguns dos dados secundários relevantes que podem ser extraídos das principais fontes, que incluem o perfil da aldeia, a Internet, revistas, o departamento de agricultura e o departamento de gestão e administração das terras. Os termos-chave desta investigação são o conceito de caraterísticas da utilização das terras agrícolas, a sociodemografia do agregado familiar, a posse da terra e os desafios dos pequenos agricultores no contexto do Camboja.

3.6.2 Fontes de dados primários

Ao contrário dos dados secundários, os dados primários consistem em informação original ou nos dados brutos recolhidos pelos investigadores no terreno através de entrevistas ao domicílio que dependem da investigação quantitativa, e as estruturas das perguntas são desenvolvidas com base nas variáveis atribuídas e nos indicadores existentes em cada objetivo. Na investigação qualitativa, recorremos à observação e a duas discussões em grupo. Em seguida, esses dados serão analisados através do método estatístico e do método descritivo e interpretados em figuras, quadros ou diagramas. Os dados primários são os dados de valor concreto necessários para satisfazer os objectivos imediatos de qualquer Estudo Independente escrito e, embora recolhidos particularmente para um determinado fim, podem ser utilizados para fins múltiplos numa outra investigação posterior.

3.7 Processamento e análise de dados

Os dados recolhidos através das perguntas são dados numéricos e categóricos, tais como o número de membros da família, o rendimento total, os rendimentos, a dimensão da propriedade, a ocupação, o tipo de agricultura e os problemas enfrentados na utilização da terra. Essas informações devem ser transformadas em formas quantitativas para serem utilizadas na análise da investigação. O primeiro processo de análise de dados é a categorização dos dados, o que significa que os dados são agrupados no âmbito do estudo de acordo com os objectivos e o segundo é a codificação dos dados, que são codificados pelo investigador. A codificação dos dados é mais útil com instrumentos de medição com perguntas. Depois disso, a análise estatística foi efectuada pelo Statistical Package for the Social Science (SPSS versão 16.0). As caraterísticas do uso da terra para os pequenos agricultores foram indicadas em termos de caraterísticas do agregado familiar, dimensão da exploração agrícola, tipo de exploração da terra, posse e segurança da terra, número de parcelas, tendência no uso da terra entre 2010 e 2015, e razão para mudanças nos padrões de cultivo, todos os quais foram explicados como estatísticas descritivas. Os factores determinantes relacionados com a utilização das terras agrícolas em termos de alteração do padrão das culturas foram determinados como componentes biológicos componentes biológicos locais compostos por condições climáticas e meteorológicas (precipitação e seca), topografia local, tipo de solo, acesso a fontes de água e local específico da terra (acesso à estrada ou ao mercado) relatados por Muller (2004), Socioeconómicos, acesso ao crédito, condições tecnológicas e factores económicos (Briassoulis, 2005). No caso dos factores socioeconómicos que influenciam as alterações do padrão de cultura, foi explicado como o teste do qui-quadrado (Oni, SA., 2010), que foi utilizado para encontrar a relação, comparando dois grupos: um grupo de agricultores que alterou o padrão de cultura e outro grupo que não alterou. As outras forças motrizes foram descritas em percentagem relacionada com a opinião dos agricultores.

CAPÍTULO IV
RESULTADOS DA INVESTIGAÇÃO E DEBATE

4.1 Caraterísticas da utilização da terra pelos pequenos agricultores

4.1.1 Caraterísticas do agregado familiar dos pequenos agricultores

As caraterísticas dos agregados familiares da aldeia de Ouheng são apresentadas no quadro 1, descrevendo o perfil socioeconómico e as caraterísticas específicas da experiência laboral e agrícola. A maioria dos chefes de família eram homens e as mulheres tornaram-se chefes de família porque metade delas se divorciou, enquanto os maridos das outras mulheres emigraram para a cidade ou para a Tailândia por um longo período. No que se refere às caraterísticas dos chefes de família, a maior parte deles estava no ativo, com idades compreendidas entre os 44 e os 66 anos e, em média, 44 anos. Foram observadas diferentes categorias de níveis de educação na aldeia, sendo que a maioria dos agricultores tinha um baixo nível de educação, bem como uma família numerosa. A elevada proporção de membros da família situava-se entre 5 e 10 pessoas (aproximadamente 5 membros em média por agregado familiar), incluindo membros activos que se dedicavam a actividades agrícolas entre os 15 e os 60 anos de idade, com base na organização internacional do trabalho, o que é consistente com a dimensão do agregado familiar agrícola segundo o Instituto Nacional de Estatística, Ministério do Planeamento (2013). Pelo menos 83,3% de cada agregado familiar era composto por 1 a 3 pessoas, determinadas como mão de obra ativa na exploração agrícola. Além disso, a maioria dos agricultores gastava o seu dinheiro para a vida quotidiana e para a agricultura entre 1.001 e 2.000 dólares por ano, enquanto a maioria ganhava entre 1.001 e 2.600 dólares, no entanto, era menos do que o nível de rendimento das famílias rurais no Camboja, com uma estatística de 3.601 dólares em 2011 (TONG Kimsun, 2013).

As práticas agrícolas são um tipo de cultivo tradicional e, de facto, a cultura do arroz depende essencialmente da precipitação e segue métodos ancestrais, uma vez que o fazem há pelo menos 21 anos, desde que possuem terras. No entanto, os fertilizantes químicos só começaram a ser utilizados há alguns anos, devido à introdução e promoção por parte dos vendedores.

O sexo do chefe do agregado familiar, a educação, o estatuto familiar, a dimensão do agregado familiar, o trabalho ativo na agricultura, a experiência agrícola e os rendimentos e despesas - todos são factores que explicam o facto de as famílias rurais no Camboja serem de grandes dimensões e necessitarem de muitos alimentos para sustentar a família, bem como de grandes áreas de terra para produzir alimentos, mas na realidade não é assim. A educação inadequada causou desemprego na família e limitação na aquisição de novas competências agrícolas, bem como o facto de as suas terras serem ainda pequenas e a produção ser baixa, pelo que pelo menos um membro da família numerosa teve de migrar para a capital, Phnom Penh, e sobretudo para a Tailândia, graças à abundância de trabalho disponível com salários mais elevados.

Quadro 2 Caraterísticas dos agregados familiares da aldeia de Ouheng em 2015

Variable description	Frequency (n=30)	Percentage (%)	Mean
Gender of head household			
Male	23	76.7	
Female	7	23.3	
Education level of head household			
No education	5	16.67	
Primary school	12	40.0	1.7
Secondary school	9	30.0	
High school	4	13.33	
Family status of head household			
Married	27	90.7	
Divorce	3	10.0	
Age of head household			
25-43 years	16	53.3	44
44-66 year	14	46.7	
Household size			
1-4 persons	9	30.0	5.3
5-10 persons	21	70.0	
Number of active labor (18-60 year old)			2.7
1-3 laborers	25	83.3	
> 3 laborers	5	16.7	
Farming experience (Average years)			21
Households expenditure ($US/year)			
<1000	3	10.0	1,806
1001- 2000	14	46.7	
>2000	13	43.3	
Total household income ($US/year)			
<1000	6	20.0	2,365
1001-2600	8	60.0	
>2600	6	20.0	

4.1.2 Actividades agrícolas na aldeia de Ouheng

Na aldeia de Ouheng, havia muitos tipos de culturas - culturas alimentares, culturas de rendimento e pecuária -, sendo o arroz a cultura dominante, seguido da mandioca, dos legumes e dos pomares de fruta, enquanto as aves de capoeira eram mais preferidas do que a criação de gado e a suinicultura (Fig. 3). Com base no quadro 3, as actividades agrícolas são praticadas numa base anual e variam de uma atividade para outra. O arroz é cultivado principalmente durante a estação das chuvas, enquanto a recolha de produtos não lenhosos é feita durante a estação seca. Depois, cultivam-se legumes e árvores de fruto e a produção animal é feita durante todo o ano. Em termos económicos, a cultura do arroz é o fator mais importante para garantir a segurança alimentar e os meios de subsistência dos agricultores rurais. Durante o trabalho de campo, foram contados basicamente três tipos principais de sementes de arroz, nomeadamente Chongphla, Somaly e Kounchin. Recentemente, a cultura do arroz nesta aldeia foi confrontada com alguns desafios, incluindo a seca e os solos inférteis devido à falta de conhecimentos sobre a gestão dos solos, as instalações do sistema de irrigação, bem como o clima desfavorável, que atrasou a estação das chuvas durante cerca de 3 meses e alterou o período de pico das chuvas. Sem qualquer apoio de instituições e organizações locais, as terras de cultivo de arroz eram deixadas em pousio todos os anos na estação seca. A utilização de fertilizantes químicos estava a aumentar, em comparação com 10 anos atrás, devido à degradação da qualidade do solo, de acordo com dados de entrevistas. A segunda cultura principal - a mandioca, que tem valor económico para o agregado familiar - acaba de ser introduzida na aldeia há cerca de 2 anos por sugestão dos vizinhos e incentivos da empresa. A empresa é conhecida como Vietnamese Pertences e vende caules de mandioca aos agricultores e compra os tubérculos após a colheita. A discussão em grupo revela que a plantação de mandioca aumenta enquanto as outras culturas diminuem, porque alguns agricultores consideram que a mandioca tem mais valor do que outras culturas por algumas razões, uma vez que é fácil de vender, tem baixos custos de produção e pode crescer em áreas instáveis. Nesta aldeia, antes da introdução da mandioca, o pomar era composto por milho, sésamo e feijão-mungo e continua a ser favorável a alguns agricultores.

Os agricultores que cultivam culturas mistas (cana-de-açúcar, laranja, banana, jaca, feijão-mungo e amendoim) continuam a seguir os seus hábitos e experiências passadas sem considerar a disponibilidade e a competitividade do mercado. Além disso, o cultivo de legumes, incluindo pepino, abobrinha, melão de inverno, abóbora, feijão de corda e repolho, foi promovido por algumas organizações locais a quem estava interessado em produzir esse tipo de cultura, incluindo algumas commodities agrícolas. Por outro lado, as aves de capoeira A criação de aves de capoeira e a criação de gado são as preferidas dos pequenos agricultores devido à elevada procura destes produtos e, de alguma forma, o gado também pode ser utilizado na preparação da terra e no transporte, enquanto a galinha pode ser utilizada para consumo doméstico. O mais interessante é a criação de porcos, e há pouco que os agricultores possam fazer para considerar a criação deste animal devido a várias razões, como surtos de doenças, falta de técnica, baixa produtividade e alto custo de produção, mas menos benefícios.

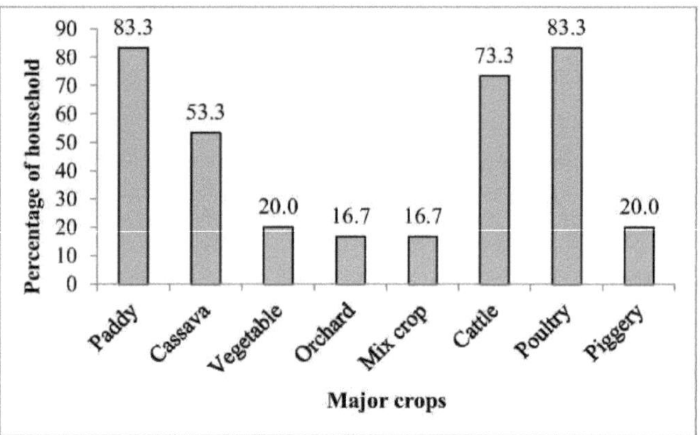

Figura 3 Práticas agrícolas dos pequenos agricultores

Quadro 3 Padrão de culturas

Crop / Time	Jan	Feb	Mar	Apr	May	Jun	Jul	Aug	Sep	Oct	Nov	Dec
Rice												
Cassava												
Fruit orchard												
Vegetable												
Cattle raising												
Poultry raising												
Pig raising												
Non-timber forest												

4.1.3 Tipos de terrenos

Uma das quartas grandes províncias do Camboja é a província de Pursat, que cobre uma área total de 12 692 Km2 e está dividida em quatro partes principais: 128 951 ha de uma região de terras médias-altas, apropriada para muitas actividades como a agricultura, o artesanato, o comércio e outros serviços; uma região de terras altas de 159.158 ha, onde a agroindústria está a crescer; uma área montanhosa de 856.456 ha, constituída por muitas florestas e vida selvagem; e a planície de inundação de Tonle Sap, com 124.635 ha, que disponibiliza vários tipos de produtos da pesca e recursos turísticos (CDC, 2013).

Com base na observação direta e em entrevistas com o chefe da aldeia, a aldeia de Ouheng faz parte de uma região de terras médias-altas e está dividida em três partes principais: uma região de cultivo de arroz em terraços, uma região de terras médias-altas com colinas baixas e a planície de Tonle Sap. A área total da aldeia é de 361 ha: 35 ha de terras residenciais, 246 ha de arroz e 80 ha de terras de cultivo. As áreas planas e elevadas situam-se ao longo da estrada principal, no limite da aldeia, e o arroz é cultivado principalmente porque se trata de uma planície de sequeiro e adequada para o cultivo de arroz na estação húmida, que depende principalmente da precipitação de maio a outubro (Sarom, 2007). As terras médias-altas situam-se no centro da aldeia e ao longo da estrada principal, onde são cultivadas habitações e culturas arvenses (milho, soja, feijão-mungo, amendoim, sésamo), mandioca, árvores de fruto (laranja, manga) e banana, principalmente agricultura de terras altas e também crescem em terras altas (TMSG, 2010). A planície de Tonle Sap é a área em torno do rio Tonle Sap e do seu curso fluvial (TMSG, 2010). Esta área está ligada à corrente do rio Pursat, onde são cultivados os legumes mais comuns no Camboja, incluindo pepino, abobrinha, melão de inverno, abóbora, vagem e repolho, porque estes tipos de legumes também precisam de água suficiente para crescer.

4.1.4 Tipo de solo

A classificação da aptidão das terras é um processo sistemático de organização da informação sobre os recursos terrestres com o objetivo de avaliar o potencial de utilização das terras. É importante salientar que pode avaliar o potencial da terra para uma produção rentável e sustentável, bem como determinar a melhor opção de utilização da terra para determinadas parcelas de terra que envolvam constrangimentos do solo, requisitos de culturas e aspectos socioeconómicos de opções diferentes (R.W. Bell, 2005). A Figura 4 mostra que a fertilidade do solo captada na investigação de campo foi classificada em dois tipos, incluindo o solo argiloso e o solo franco. O arroz de sequeiro de terras baixas ocupava 88% das áreas de arroz no Camboja e, normalmente, tem solos arenosos (franco-arenosos) com baixa fertilidade (Sarom, 2007) e (IRRI, 1998). Estes solos são pouco reactivos à aplicação de fertilizantes. O solo superior argiloso tem menos de 35% de argila, mas não é argiloso nem franco-arenoso e é também um solo muito fértil, adequado para culturas diversificadas (IRRI, 1998) e (R.W. Bell, 2005).

Transect Walk

Description (South-West)						(North-West)
Soil type	Sandy-loam	Laterite road	Loam	Loam	Loam	Sandy
Land use	Rice paddy		Residential houses, Rice field and Crop field (Mungbean, Banana, Cassava, Orange, Corn, and Sesame)	Canal	Residential houses and vegetable cultivation	Stream (Water source)
Challenge	Water shortage during drought	Slippery in rainy season	Water shortage during drought and Annual flood		Water shortage during drought and flashflood	Shallow
Opportunity						Sand dredging

Figura 4 Geografia da aldeia e tipo de solo

4.1.5 Tamanho da propriedade

O acesso às terras agrícolas é considerado um fator essencial para a produção agrícola a favor dos pobres. Os dados estatísticos de (Lohr, 2011) revelaram que cerca de 69% da população rural do Camboja estava envolvida na agricultura em pequenas explorações, com uma média de terras individuais cultivadas inferior a um hectare, e que 14,7% dos agricultores rurais não possuíam quaisquer terras. Com base na observação, 40,0% de todos os inquiridos detêm terras com menos de 1 hectare como pequenos agricultores e, à semelhança de outros dados de 2008, 45% dos agregados familiares rurais detêm menos de 1 hectare por agregado familiar, segundo o Cambodia Development Resource Institute (Sothath e Sophal, 2011), sendo que a maioria dos restantes detém terras entre 1 e 2 hectares. A média de terras exploradas por agregado familiar na aldeia de Ouheng é de 1,5 ha, à semelhança de outros estudos que afirmam que as pequenas explorações agrícolas dependem de uma dimensão inferior a 2 hectares (Hazell et al., 2007 e Thapa, 2011). Por outro lado, a reintrodução dos direitos de propriedade privada foi adoptada em 1989 e as terras foram distribuídas pelas famílias em função do tamanho da família e da disponibilidade de terras cultiváveis nas aldeias (Silva, d., et al., 2014). No entanto, no caso da aldeia de Ouheng, não há terras disponíveis para esta distribuição, razão pela qual os pequenos agricultores não tinham acesso a terras cultivadas. É evidente que a produção agrícola no Camboja se baseia em pequenas explorações fragmentadas, que produzem uma diversidade de culturas para satisfazer as necessidades de subsistência.

Por conseguinte, a distribuição de terras deve garantir a igualdade, a estabilidade social, a segurança alimentar e facilitar o investimento com base no tipo e na qualidade naturais das terras para o desenvolvimento económico socio-sustentável, a fim de evitar a concentração de promover a utilização e a produtividade das terras e a sua utilização eficaz.

Quadro 4 Categorias de propriedade de terras

Characterization of land size	Frequency	Percentage (%)	Mean
< 1 ha	12	40.0	
1 - 2 ha	11	36.7	
> 2 ha	7	23.3	
Average land size per household (ha)			1.5
Total	30	100	

4.1.6 Propriedade de terrenos

Durante o estudo de campo, foram observadas três categorias de propriedade da terra para os pequenos agricultores e, como resultado, a maioria das propriedades de terra pertence a proprietários de terra, representando 66,7%. As pessoas transformaram as suas terras desde que se estabeleceram nesta aldeia, após o fim do regime de Pol Pot em 1979. Em primeiro lugar, apenas dez famílias residiam na aldeia até 1989 e a população aumentou constantemente até 1993 (LWD 2011). A terra que os agricultores possuem pode ser cultivada, mas ainda é conhecida como propriedade dos pais e para aqueles que vivem com os pais porque não são capazes de constituir a sua própria família. Os restantes chefes de família detêm a terra por herança e, após o casamento, a terra é distribuída a cada filho ou filha casada como património familiar. No entanto, a transferência da propriedade da terra permanece não oficial porque o documento de propriedade da terra ainda não foi entregue aos novos titulares, bem como a compra de terras entre os parentes. Revela que a totalidade da área de terra da aldeia de Ouheng é detida por particulares desde que o Camboja começou a privatizar a terra em 1989, após a retirada dos vietnamitas do país, e acredita-se que a distribuição da terra estabelecida em ligação com a privatização foi justa, tal como referido pelo Conselho Económico Nacional Supremo, 2007. De acordo com outros estudos, a limitação do crescimento da produtividade agrícola e a pobreza rural generalizada de muitas famílias rurais no Camboja são causadas pela ausência de terra ou pela quase ausência de terra, ou pela falta de direitos formais de propriedade sobre a terra (Silva et al., 2014).

Quadro 5

Categories of land ownership	Frequency	Percentage (%)
Parents	2	6.6
Own land	20	66.7
Inheritance	8	26.7
Total	30	100

4.1.7 Número de parcelas agrícolas (%) e tamanho do tipo de parcela (média/ha)

Uma exploração agrícola é composta por uma ou mais parcelas de terra, inteiramente rodeadas por outras terras, água, estradas, florestas ou outros elementos que não fazem parte da exploração. Em comparação com a média caracterizada

Em comparação com a média caracterizada de parcelas de terra, o estudo ilustrou que 40% dos agregados familiares tinham uma parcela de terra com um tamanho médio de 1,32 ha, o que não é muito diferente do tamanho médio da terra dos proprietários com duas parcelas. Por outro lado, 33,3% dos proprietários com três parcelas, a terra média em tamanho foram significativamente maiores do que os outros dois proprietários aproximados 2 ha.

O uso da terra refere-se à utilização das parcelas em actividades como o cultivo de culturas, a criação de gado ou o cultivo de peixe - realizadas nas terras que constituem a exploração com a intenção de obter produtos e/ou benefícios. Para aqueles que processaram uma parcela de terra, a maioria decidiu produzir arroz para consumo doméstico e venda, enquanto os outros cultivaram milho e mandioca para fins económicos porque precisavam de dinheiro para outros fins e não para consumo doméstico. Por outro lado, as famílias com mais de uma parcela de terra selecionaram o cultivo de arroz numa parcela de terra e o resto da terra para o cultivo de culturas de campo como mandioca, vegetais, sésamo, culturas mistas, fruta e milho. Assim, os proprietários de terra com mais de uma parcela tinham opções para usar a sua terra de forma eficiente com base no potencial da terra.

Tabela 6 Caracterização da parcela de terreno

Characterization of land plot	Frequency	Percentage (%)	Average size (ha)
One plot	12	40.0	1.32
Two plots	8	26.7	1.4
Three Plots	10	33.3	1.7
Total	30	100	

4.1.8 Classificação da utilização do solo

A área total dos pequenos agricultores no local de estudo é dominada pelo arrozal, com 28,49 ha, seguida pela área cultivada de mandioca, com 11,90 ha, e por terrenos residenciais, com 15,44 ha, enquanto outras terras dedicadas a culturas de campo, como hortaliças, com 1,64 ha, pomares (milho e gergelim), com 2,42 ha, e culturas mistas (cana-de-açúcar, laranja, banana, jaca, feijão-mungo e amendoim), com 2,65 ha. O facto é que a terra foi utilizada principalmente para fins agrícolas, sendo o arroz uma cultura de base que os agricultores preferem cultivar, em comparação com outros tipos de culturas, porque é consumido principalmente a nível familiar, bem como por toda a população do Camboja.

Quadro 7 Classificação da utilização dos solos

Crops	Total cultivated area (ha)	Average of cultivated area per household (ha)
Residential	15.44	0.62
Residential with crop	2.42	0.40
Paddy field	28.49	1.10
Cassava	11.90	0.74
Vegetable	1.64	0.27
Orchard	2.42	0.27
Mix crop	2.65	0.27

4.1.9 Evolução da mudança de cultura por ha de terra durante 2010 e 2015

Este quadro compara as áreas cultivadas das principais culturas na aldeia de Ouheng. O cultivo de arroz na estação húmida continua a ser a cultura mais importante para as famílias rurais da aldeia, uma vez que contribuiu para assegurar o abastecimento alimentar das famílias em resposta ao aumento do número de membros da família, pelo que a área cultivada de arroz aumentou cerca de 3,20% em 2015. Nos últimos anos, a área cultivada de mandioca aumentou significativamente em 21,92%, de acordo com o relatório divulgado pelo Secretariado do grupo de trabalho técnico para a segurança alimentar e nutricional em 2014, que ilustrava que a área cultivada de mandioca era de 43%. O aumento do cultivo da mandioca ocorreu em todas as províncias do país, e isso deve-se ao facto de os preços e o acesso ao mercado serem favoráveis aos agricultores. Uma das principais razões pelas quais esta cultura se está a tornar muito popular na aldeia é o facto de as empresas privadas oferecerem incentivos e promoção, fornecendo caules de mandioca em bruto para o cultivo e vindo depois comprar os produtos finais de mandioca na exploração agrícola. Outra razão é que, quando os agricultores viram que os seus vizinhos podiam ganhar dinheiro para além do cultivo do arroz, começaram a investir na mandioca. Este facto é semelhante ao de um país vizinho, a Tailândia, onde a área cultivada de mandioca também aumentou por agregado familiar, passando de 1,9 ha em 2000 para

2.2 ha em 2007; no entanto, esta expansão foi possível devido ao facto de o governo ter promovido esta cultura a nível nacional, a fim de exportar para o mercado europeu (Thirapong, 2011).

Durante o mesmo período, a área de hortaliças aumentou aproximadamente 1,83%. A expansão das hortaliças foi geralmente apoiada por uma organização que estava a desenvolver um projeto relevante para melhorar a produção de vegetais através de sistemas de irrigação gota a gota, e para os envolvidos neste projeto, tinham de possuir uma parcela de terreno ligada a fontes de água. Depois, foram-lhes fornecidas gratuitamente instalações como sistemas de gotejamento, redes de cultivo e sementes. Outros agricultores decidiram produzir legumes porque o cultivo deste tipo de cultura não requer muita mão de obra e terra, mas pode ser colhido por um longo período e pode ser plantado mais de uma vez por ano. Apesar de o arroz e a mandioca, o pomar inclui milho e sésamo, que se encontravam nesta aldeia há muito tempo, desde que os agricultores se começaram a estabelecer nesta aldeia, mas agora essas culturas tornaram-se desfavoráveis para os agricultores graças à presença da mandioca, e é por isso que a área para essas culturas registou um declínio de 7,76%. Este declínio foi causado pela conversão de terras de cultivo em campos de mandioca na esperança de obter maiores rendimentos, porque os agricultores que costumavam enfrentar a seca voltaram a sua atenção para o cultivo da mandioca que pode consumir menos água anualmente. Além disso, as culturas que não são de mandioca e que eram cultivadas anteriormente são difíceis de cuidar e enfrentam problemas com pragas e doenças. Por outro lado, as culturas mistas, como a banana, o feijão-mungo, a laranja e o amendoim, também aumentaram.

Quadro 8 Situação da utilização das terras agrícolas em 2010 e 2015

Crops	**Crop land (n=30)**		**Change (%)**
	2010 (ha)	**2015 (ha)**	
Paddy field	1.03	1.10	3.20
Cassava	0.26	0.74	21.92
Vegetable	0.23	0.27	1.83
Orchard	0.44	0.27	-7.76
Mix crop	0.23	0.27	1.83

4.1.10 Motivo da seleção e mudança de cultura

Durante os anos 2010 e 2015, a proporção de famílias que efectuaram mudanças no uso da terra é igual a 46,7%, como mostra o Quadro 9. Antes das mudanças no uso da terra, os agricultores normalmente cultivavam vegetais, milho, feijão-mungo ou amendoim como seu hábito, mas recentemente estão interessados em mandioca, vegetais e outras culturas; esta tendência continuará a aumentar nos próximos anos devido à procura de mandioca no mercado. Estas mudanças estão sobretudo relacionadas com a preferência dos agricultores e a introdução por outros agricultores, com o apoio de ONG e com incentivos de empresas privadas.

De qualquer modo, outra das principais razões pelas quais os agricultores abandonaram as culturas anteriores para se dedicarem a uma nova cultura foi o elevado preço dos produtos de base e o facto de não serem rentáveis em comparação com as novas culturas. Os agricultores também mencionaram os baixos custos de produção, a facilidade de venda da produção, a elevada produção e a maior procura de produtos de base, e mesmo não havendo apoio do governo ou assistência técnica.

Por outro lado, 53,3% dos inquiridos não estavam dispostos a mudar os padrões de cultivo, uma vez que alguns deles se queixaram de mão de obra inadequada devido aos membros que emigraram ou à pequena dimensão da família. Outros agricultores declararam não dispor de capital suficiente para investir em fertilizantes, pesticidas ou custos de mão de obra, enquanto alguns agricultores se sentiam atraídos por produtos florestais não-madeireiros, como a vime e os cepos de árvores, e os restantes preferiam cultivar as suas culturas de rotina. Consequentemente, a terra cultivada com mandioca foi registada em quase 483 000 hectares em todo o Camboja, sendo este valor 43% superior ao de 2013. Este aumento registou-se em todas as províncias, com exceção da província de Steung Treng, e a província de Battambang é a que possui a maior área de cultivo de mandioca (CARD, 2014).

Quadro 9 Razão das alterações nas culturas

Reason	(n=30) % Household
Change in land use	*46.7*
Reason for changes in crop patterns	
Higher commodity price	4.06
Low production cost	4.06
Easy to sell products	6.09
Higher production	4.06
Low water requirement	2.70
Higher demand for commodity	4.06
Neighbor's suggestion	4.06
Previous crop was not profitable	4.73
Government incentives available	2.70
Farmers' liking	7.45
Private company incentives available	2.70
Not changing in crop pattern	***53.3***
Inadequate labor source	10.09
No capital	14.40
Attracted to NTFPs	17.28
Preference to routine crop	11.52

4.1.11 Segurança da terra e da posse

Em muitas regiões do Camboja, a falta de acesso à terra e ao direito de utilização da terra continua a ser uma proporção elevada. Melhorar o acesso à terra por parte das pessoas pobres é muito importante para promover a equidade e a produção, uma vez que as pequenas explorações agrícolas tendem a ser mais produtivas do que as grandes explorações (FIDA, 2011). Obviamente, os certificados oficiais de terras ainda não estavam disponíveis a nível estatal, mas eram concedidos de forma não oficial à população rural a nível comunal. Estatisticamente, os títulos de propriedade não oficiais que as populações rurais receberam ascendiam a 600 000 certificados (SAR, 2010). De igual modo, de acordo com um artigo sobre direitos de propriedade, produtividade e recursos de propriedade comum: insights from rural Cambodia in 2008 revealed that plots with ownership paper were higher productive and have higher land values than other plots including transfer rights; however this property right was less effective on credit accessibility (Thomas Markussen, 2008). Em contrapartida, a posse de terras aráveis por todos os agricultores da aldeia de Ouheng era ainda uma propriedade não oficial, porque os documentos de propriedade eram reconhecidos a nível comunal e ainda não tinham sido registados como posse de terra no Ministério da Gestão do Território, Planeamento Urbano e Construção, desde que o governo do Camboja começou a emitir o título de propriedade em 2003 com o Programa de Gestão e Administração do Território (LMAP). O objetivo do LMAP é apoiar uma reforma abrangente das políticas de gestão fundiária no Camboja, no âmbito da qual foi lançado um programa sistemático de titulação de terras com o objetivo de emitir um milhão de títulos em 11 províncias no ano 2003-2007 (Thomas, 2008) e o levantamento dos títulos de terras emitidos pelo LAMAP não foi efectuado na área de estudo, razão pela qual o valor das terras nesta aldeia continua a ser baixo.

4.2 Factores relacionados com as terras agrícolas dos pequenos agricultores

A alteração da utilização e da ocupação do solo é designada por alterações quantitativas em termos de aumento ou diminuição de um determinado tipo de utilização ou ocupação do solo. No entanto, a alteração do uso do solo implica a conservação do uso de um tipo de outros usos (a alteração da mistura e do padrão de uso do solo numa área) ou a modificação de certos tipos de uso do solo (uma alteração na intensidade de uso ou alteração das qualidades, caraterísticas e seus atributos) por (Helen, 2005). Mudança na unidade de terra individual quando uma parcela pode estar sem uso, mais comumente, pode estar sob o uso agrícola (culturas, pastagens, etc.), floresta, residencial, recreação ou outros usos (Helen, 2005). Esta mudança ocorre primeiro ao nível das parcelas de terra individuais através de vários factores, incluindo componentes biológicos locais, socioeconómicos, acesso ao crédito, condições tecnológicas e factores económicos. Outros investigadores ilustraram que, em termos de modelo econométrico, o uso da terra é explicado como uma função da geografia variável (nível e variância da precipitação, terra adequada, altitude e declive da terra), crescimento populacional, operações económicas, sociais e variáveis da aldeia para medir a dimensão do investimento político - induzido em infra-estruturas rodoviárias e de mercado e a introdução no sector agrícola de novas tecnologias e culturas (Daniel, 2005).

4.2.1 Terras agrícolas relacionadas com as condições socioeconómicas

Muitas outras variáveis foram determinadas como limitações, a decisão dos detentores de terra de conservar ou alterar o uso atual e a utilização da terra são socioeconómicas, tecnológicas e de acessibilidade ao crédito (Briassoulis, 2005).

4.2.1.1 Condições socioeconómicas relacionadas com as terras agrícolas

Os fatores associados ao uso da terra foram observados a partir dos agricultores que realizaram o uso da terra durante os anos de 2010 e 2015. A alteração do padrão das culturas é independente das caraterísticas socioeconómicas, quando se recorre à análise do qui-quadrado, a fim de examinar a relação entre a variável de dependência e a variável de independência. Há dois grupos de agricultores para a realização do teste do qui-quadrado; um grupo de agricultores não tem tendência para mudar o padrão das culturas, enquanto o outro grupo está disposto a mudar. Entre os inquiridos, 46,7% mudaram os padrões de cultura e os restantes 53,3% permaneceram inalterados. Os factores socioeconómicos são designados como a dimensão da família, o nível de educação do chefe de família, o sexo do chefe de família, a idade, o estatuto familiar e o decisor (Thirapong Santiphop 2011 e S. A. Oni, 2010).

Os resultados do estudo revelam que existem três factores principais associados aos padrões de mudança de cultura, tais como a idade do chefe de família, a dimensão da família e o decisor. A maior proporção de idade acima de 40 anos dos chefes de família é de 73,3%, com 26,6% de jovens chefes de família, uma vez que os dados da Organização Internacional do Trabalho afirmaram que a idade média dos chefes de família rurais era de 44 anos com base nos dados do CSES 2009 (Chandararot, 2013). A diferença na proporção de idade é estatisticamente significativa *($P < 0,05$),* o chefe de família antigo tendia a mudar de cultura de um para outro, dependendo de suas experiências agrícolas que haviam praticado na operação agrícola mais do que as famílias de jovens chefes. Eles passaram por todos os desafios em muitos tipos de cultivo, então eles facilmente tomariam boas decisões em termos de seleção de culturas e mudança que é adequado para suas terras.

A dimensão média dos agregados familiares, com pelo menos 4 pessoas, representa 73,3%, enquanto os agregados familiares pequenos, com menos de 3 pessoas, representam apenas 26,6%. A diferença entre agregados familiares pequenos e grandes é estatisticamente significativa ($P<0,05$), o que indica que os agregados familiares grandes têm uma tendência significativa para alterar os padrões de cultivo, enquanto os trabalhadores migrantes tendem a vir de agregados familiares com um excedente de mão de obra ou de agregados familiares com pequenas terras agrícolas que não têm tendência para alterar os padrões de cultivo. Outros estudos revelaram que os agricultores têm dificuldade em encontrar trabalhadores suplementares durante a época alta da agricultura, bem como o aumento do salário dos trabalhadores agrícolas, especialmente no caso da mandioca, que emprega muita mão de obra na plantação e na colheita e requer cuidados menores (Chandararot, 2013 e Vuthy,

2013).

Como mostra a Tabela 11, a diferença na percentagem de agregados familiares chefiados por homens e chefiados por mulheres não é estatisticamente significativa, embora os agregados familiares chefiados por homens representem 76,6% e por mulheres 23,3%. De igual modo, a maioria dos chefes de família rurais são do sexo masculino, representando 75% em 2013, de acordo com a Organização Internacional do Trabalho, o que está de acordo com a conclusão do estudo, que é de cerca de 76%. Nos agregados familiares rurais do Camboja, os homens têm uma proporção mais elevada de chefes de família do que as mulheres e mesmo em termos de tomada de decisões, uma vez que a principal ocupação dos chefes de família tende a ser no sector agrícola e têm uma educação superior à das mulheres. Além disso, os agregados familiares rurais são fortemente influenciados pelos homens quando tomam uma decisão e esta afirmação é óbvia porque 70% das decisões familiares são tomadas por homens e apenas 30% por mulheres ($P<0,05$).

Quadro 10 Efeitos socioeconómicos nos padrões de mudança de cultura (utilização do teste do qui-quadrado)

Characteristics	(%)	Chi square	Significant Level
Age		5.48	0.019**
Old (>40 years)	73.3		
Young	26.6		
Family size		4.67	0.031*
Large (>4 people)	73.3		
Small	26.6		
Gender		0.008	0.925
Male	76.6		
Female	23.3		
Education		0.000	0.936
Illiterate	56.6		
Literate	43.3		
Decision maker		3.998	0.045*
Male-influenced	70.0		
Female-influenced	30.0		

** Significativo ao nível de 0,01; * Significativo ao nível de 0,05

4.2.1.2 Condição económica do agregado familiar

As alterações na procura desencadeiam alterações na utilização dos solos, uma vez que afectam os lucros associados. Os lucros são determinados pelo custo (e disponibilidade) da mão de obra, pelo custo de produção e pelos preços dos produtos finais (Briassoulis, 2005). Os custos de produção no investimento em pequenas explorações agrícolas são categorizados como quantidade e custo de sementes, fertilizantes orgânicos, fertilizantes inorgânicos, pesticidas e outras despesas agrícolas (ADB, 2014).

Os resultados do estudo revelaram que os pequenos agricultores gastaram em materiais agrícolas aproximadamente uma média de 486,80$ em termos de cultivo de arroz e de culturas de campo em 1,5 ha de terra cultivada por agregado familiar. Por outro lado, de acordo com outra investigação realizada por (Bingxin, 2011), é ilustrado que a soma dos insumos de produção de culturas diversificadas, tais como arroz de estação húmida, mandioca, milho e vegetais, ascende a cerca de 355 dólares por hectare de área cultivada, a fim de obter um rendimento de 1.131,25 dólares de culturas diversificadas. Em particular, os agricultores da aldeia de Ouheng possuíam uma área de terra de 1,5 hectares em média; assim, o custo de produção seria de cerca de 532,6 $ para ganhar aproximadamente 1.696,88 $ na terra explorada numa estação. Em contradição, os agricultores gastaram menos de 500$, de modo que a produção média esperada foi de 1.085,04$, o que significa que as terras pertencentes aos pequenos agricultores não dispunham de capital para investir em fertilizantes, pesticidas, mão de obra, instalações de irrigação e produtos agrícolas para a diversificação das culturas e que os agricultores tendem a mudar os padrões de cultivo em vez de melhorarem a produtividade e as competências agrícolas.

Com base na organização internacional do trabalho, a disponibilidade de mão de obra no sector de subsistência é de aproximadamente 2,8 trabalhadores por hectare de terra (Chandararot, 2013). Na realidade, os agregados familiares com disponibilidade de mão de obra são iguais a 2,7 trabalhadores em 1,5 hectares. O agregado familiar com disponibilidade inadequada de mão de obra tende a fazer alterações nos padrões de cultivo, uma vez que a utilização da sua terra agrícola é, em média, de 1,5 ha, o que significa que, pelo menos, os agricultores têm de contratar mais 2 trabalhadores para a exploração agrícola durante a época alta.

Mais uma vez, a organização internacional do trabalho estimou que o custo por trabalhador por estação era de 103 $ (Chandararot, 2013). Se os agregados familiares com mão de obra insuficiente contratarem mais dois trabalhadores extra, custará cerca de 206 $. Este montante parece demasiado para alguns agregados familiares; assim, os agregados familiares com mão de obra insuficiente podem incorrer em despesas com a contratação de mão de obra e tendem a mudar para produzir culturas com menos necessidade de mão de obra. Da mesma forma, outros autores sublinharam que as pequenas explorações agrícolas são geridas regularmente com recursos limitados, pouca tecnologia utilizada, dependendo maioritariamente dos membros da família e da agricultura de subsistência para o consumo do agregado familiar (Hazell, Poulton, Wiggins e Dorward, 2007).

Quadro 11 Avaliação económica da produção agrícola agregada anual (n = 30) na aldeia de Ouheng

Description	Mean	SD
Labor *(person/household)*	2.73	1.76
Average farmland *(ha)*	1.50	1.22
Total Production cost *(USD)*	486.80	112.72
Fixed cost (USD)	117.31	9.33
Power tiller *(USD)*	70.38	5.60
Depreciation cost *(USD)* (cage, tool, and piping)	46.92	3.73
Variable cost (USD)	369.50	65.39
Labor cost *(USD)*	202.16	56.57
Fertilizer and pesticide *(USD)*	130.39	36.49
Seeds *(USD)*	36.95	10.34
Income *(USD)*	1,085.04	217.83
Family net income *(USD)*	598.24	105.11
Labor efficiency *(USD/person)*	219.14	94.70
Farmland efficiency *(USD/ha)*	146.09	136.51

4.2.2 Uso do solo influenciado por componentes biofísicos locais

Os condicionalismos biológicos locais das terras agrícolas continuam a ser a extensão da limitação e a adequação das terras a uma série de utilizações que são consideradas operadores fundiários e determinam a decisão final (Helen, 2005 e Vang.S, 2013). As variáveis deste fator incluem o clima local e as condições meteorológicas (precipitação e seca), a topografia local, o tipo de solo, o acesso a fontes de água e o local específico da terra (acesso à estrada ou ao mercado) (Daniel, 2005). Este problema também está presente na aldeia, porque fica longe do mercado e sofre alterações climáticas, o que causa problemas no cultivo das culturas.

4.2.2.1 Clima local e condições meteorológicas na aldeia de Ouheng

De um modo geral, os principais factores climáticos susceptíveis de limitar a produção agrícola são os relacionados com a precipitação, seja seca ou excessiva, dependendo da época do ano (Bell et al. 2005).

Figura 5 Nível de precipitação e período de seca na aldeia de Ouheng

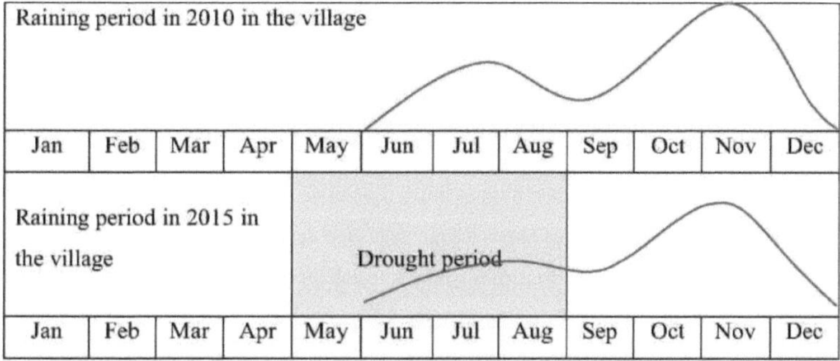

O nível de precipitação varia em diferentes regiões e, em geral, a estação das chuvas no Camboja começa de maio a outubro, com um pico de precipitação no terceiro trimestre (julho-setembro) em 2014, com um nível médio de precipitação igual a 263 mm, inferior a 8% em 2013, de acordo com o Conselho para (CARD, 2014).

Em particular, o clima na aldeia de Ouheng mudou desde 2010, com base no relatório da Organização Vida com Dignidade, e o resultado da investigação no terreno em 2015 ilustrou que a precipitação se atrasou um mês, começando em junho, com um pico de precipitação de setembro a novembro, incluindo um longo período de seca de maio a agosto.

Os climas extremos, tais como inundações e secas, são um grande constrangimento para os pequenos agricultores no cultivo de culturas em termos de áreas cultivadas. A temperatura foi registada em 2013 entre 23,5° C - 36,0° C (Média: 32,5° C) e a precipitação foi de 1.487,42 mm/ano (CDC, 2013). De acordo com o Conselho para o Desenvolvimento Agrícola e Rural em 2014, as inundações afectaram 165.516 famílias e 78.000 hectares de áreas cultivadas com arroz na estação húmida. A seca também afectou

89.300 hectares de arroz de estação húmida em 2014, e isto deve-se ao facto de o Camboja ter registado uma precipitação inferior de 8% no terceiro trimestre (julho-setembro) em comparação com o mesmo período em 2013. No entanto, as fortes chuvas a montante do rio Mekong no final de julho e início de agosto causaram algumas mortes, danos nas culturas e destruição de infra-estruturas. De acordo com os resultados do trabalho de campo, todos os pequenos agricultores são os mais vulneráveis às inundações e à seca nos últimos cinco anos. Pelo menos 15% dos 30 agregados familiares que possuíam terras perto do ribeiro sofreram com as cheias a um nível elevado, superior a 50% das suas terras cultivadas, enquanto 10% e 5% dos agregados familiares sofreram a um nível médio de 25-50% e a um nível baixo, inferior a 25%, respetivamente. Alguns agricultores afectados mudaram de culturas de curto prazo para árvores de fruto, a fim de fazer face a este problema, quando outros abandonaram as suas terras durante as cheias. Além disso, durante as cheias, as famílias afectadas foram apoiadas pelo governo em termos de alimentos e produtos de base.

Nos últimos anos, o nível de inundação tornou-se menos frequente do que antes, enquanto a seca é mais frequente no ano de 2015 e a precipitação prolongada durante um longo período de maio a agosto. Durante este período, a seca afectou 15% dos agregados familiares em termos de área cultivada superior a 50% do total de terras exploradas, 8% afectados a um nível médio de 25-50% e 7% afectados a um nível baixo de menos de 25%. As culturas diferem em termos de tolerância à seca, como a soja e o milho, que são normalmente menos tolerantes do que o sésamo, o feijão-mungo e o amendoim. Por conseguinte, o baixo armazenamento de água no solo é uma limitação mais grave para a soja e o milho do que para outras culturas (R.W. Bell, 2005). Infelizmente, não há apoio ou forma de resolver estes problemas; a maior parte da área cultivada de arroz foi deixada de fora, enquanto a área cultivada de mandioca aumentou devido à diminuição de outras terras de cultivo como o sésamo, os legumes e o milho, como já mencionado no Quadro 12.

Quadro 12 Terras agrícolas afectadas por cheias repentinas e secas

Variables description	Ouheng village (n=30)	
	Frequency	Percentage (%)
Effect of flash flood	30	100
Destruction level by flooding		
Low (<25%)	5.0	16.7
Medium (25-50%)	10.0	33.3
High (>50%)	15.0	50.0
Level of flood (Less than before)	30	100
Effect of drought	30	100
Frequently of drought		
Regular drought	11.0	36.7
Short time drought	19.0	63.3
Destruction level by drought		
Low (<25%)	7.0	23.3
Medium (25-50%)	8.0	26.7
High (>50%)	15.0	50.0
Level of drought (More frequently than before)	30	100
Get support	16.0	53.3

4.2.1.2 Tipo de terra e fertilidade do solo na aldeia de Ouheng

As terras destinadas à agricultura podem ser caracterizadas em duas regiões topográficas distintas: as terras baixas e as terras altas. Os solos das terras baixas suportam principalmente a cultura do arroz combinada com culturas arvenses, hortas e árvores de fruto. As terras altas são adequadas para plantações de borracha, milho, mandioca, soja, feijão-mungo, amendoim, sésamo, cana-de-açúcar e árvores de fruto (MAFF, 2012). Neste caso, as áreas de planície na aldeia de Ouheng têm até 246 hectares e são normalmente cultivadas com arroz em casca, enquanto as terras altas são iguais a 80 hectares para a produção de outros produtos. Em seguida, o levantamento e a classificação dos solos nas regiões específicas da área de estudo mostram que os tipos de solo se dividem em dois tipos: o franco-arenoso apresenta uma baixa fertilidade em termos de áreas cultivadas com arroz, enquanto o franco-arenoso é muito fértil e adequado para as culturas arvenses. A maior parte dos solos das planícies de sequeiro do Camboja são inférteis e o crescimento das plantas é geralmente limitado pela fraca fertilidade do solo, juntamente com regimes hídricos flutuantes. Cerca de metade das zonas de cultivo de arroz no Camboja são constituídas por solos arenosos com estas caraterísticas, por exemplo os grupos de solos Prateah Lang e Prey

Khmer (Blair, 2010). A argila arenosa é um solo muito duro, especialmente quando seco, e também difícil de responder à aplicação de fertilizantes, uma vez que os agricultores utilizam fertilizantes inorgânicos para melhorar o rendimento, mas estes não são corretamente utilizados, pelo que os agricultores enfrentam uma baixa produtividade. Os inquiridos explicaram que o seu rendimento do arroz diminuiu em comparação com os últimos dez anos sem aplicação de fertilizantes, pelo que têm de aplicar fertilizantes inorgânicos para melhorar o rendimento, caso contrário, o rendimento dos grãos continua a diminuir, como mencionado. O rendimento médio do cultivo de arroz é de 2,27 t/ha, mas este rendimento é baixo em comparação com países próximos, como a Tailândia, com 2,6 t/ha, e o Vietname, com 4,9 t/ha (Blair, 2010).

Por outro lado, para além do arroz, as principais culturas de campo no Camboja são o milho, o feijão-mungo, a soja, a mandioca e a cana-de-açúcar, mas todas estas culturas não são igualmente adequadas a todos os solos (R.W. Bell, 2005). Mesmo o fornecimento de nutrientes no solo não é geralmente avaliado como um fator limitante da utilização de fertilizantes de uma forma económica, pelo que a análise da classificação das terras para culturas não destinadas à produção de arroz na área de estudo deve ser tida em consideração, a fim de aumentar a eficiência e a rentabilidade.

O tipo de solo é muito importante para promover o crescimento das culturas e a adoção de tecnologias (IRRI, 1998). Por conseguinte, o principal desafio enfrentado pelos pequenos agricultores é a utilização da terra para a cultura do arroz e para as culturas arvenses, devido à falta de conhecimentos sobre os condicionalismos biológicos em termos de capacidade da terra para a produção de arroz e para a diversificação das culturas.

4.2.2.3 Acesso do terreno à fonte de água e local específico na aldeia

A decisão é influenciada pelas caraterísticas específicas do local da unidade de terra individual e pela acessibilidade à estrada e ao mercado (Briassoulis, 2005). Os dados da aldeia revelaram que todas as áreas cultivadas com arroz ainda não têm acesso ao sistema de irrigação, uma vez que dependem fortemente da produtividade da precipitação, pelo que, durante a estação seca e o período de seca, a terra permanece inutilizada. No entanto, algumas parcelas da cultura de campo que é cultivada no campo alto da planície e na área de cultivo de vegetais podem ser ligadas à corrente do rio Pursat, enquanto outras parcelas têm acesso a poços de bombagem. No entanto, não foi fácil assegurar uma irrigação suficiente, uma vez que os agricultores têm de investir grandes quantias de dinheiro em sistemas de tubagem, o que constitui um grande constrangimento para os agricultores. Os campos de arroz eram mesmo difíceis de irrigar com água do ribeiro, uma vez que se encontravam bastante longe deste.

As caraterísticas específicas do local de cada unidade de terra também influenciam a decisão dos gestores agrícolas. A acessibilidade às redes rodoviárias e a outras infra-estruturas de transporte e o acesso aos mercados também desempenham um papel importante na tendência de utilização das terras. O resultado da discussão entre os agricultores e os informadores-chave mostrou que eles vivem em más condições de infraestrutura; as estradas são escorregadias e lamacentas durante a estação das chuvas e a distância do centro da aldeia ao centro do distrito é de cerca de 5 quilómetros, bem como duas pontes velhas pelas quais as pessoas têm de passar. A distância não é um problema para aceder ao mercado; por outro lado, as terras agrícolas também estão mais próximas das estradas da aldeia, mas não são acessíveis durante toda a estação das chuvas. Os agricultores são confrontados com encargos em termos de assistência técnica em caso de problemas, serviços de emergência e expansão das terras em termos de utilização ou de alteração das terras utilizadas durante este período.

Como eles mencionaram, vendedores inteiros de talos de mandioca, fertilizantes inorgânicos e pesticidas vieram à aldeia e venderam os seus produtos aos agricultores, mas o preço é mais elevado do que o de mercado, embora os agricultores tenham de comprar porque têm pouco acesso a transporte individual (mota e trator) ou a transportes públicos. Melhores estradas proporcionam um melhor acesso aos mercados de produtos agrícolas e matérias-primas, em linha com a redução dos custos e o acesso à assistência técnica e o incentivo ao investimento em culturas orientadas **para** o mercado (Muller, 2004).

4.2.2 Envolvimento público e privado

4.2.3.1 Visita de formação e extensão

Há um pequeno número de agricultores que praticaram técnicas de gestão de terras, pois não têm acesso a formação e visitas de extensão dos serviços de extensão agrícola. A maioria dos agricultores ainda pratica a agricultura tradicional e ainda não obtém lucros com as suas actividades agrícolas porque consomem uma grande parte dos seus produtos agrícolas, especialmente a produção de arroz. A educação agrícola continua a ser limitada para os agricultores, uma vez que alguns deles que frequentam a formação agrícola raramente recebem visitas de campo dos extensionistas.

O estudo revelou que todos os inquiridos continuam a utilizar de forma ineficiente a área cultivada de arroz, onde a terra foi pousio durante a estação seca após a colheita do arroz da estação húmida e outra terra foi deixada de fora durante a seca porque não há apoio. Os agricultores sublinharam que só podiam cultivar arroz uma vez por ano, mas agora parte da sua área cultivada estava inutilizada devido à seca, sem sistema de irrigação ou quaisquer apoios. A prática de técnicas de gestão da terra, a utilização de fertilizantes orgânicos e as mudanças nas variedades de culturas contribuíram para a melhoria dos solos, a gestão das pragas e a conservação da erosão. Assim, as políticas e os programas de apoio às pequenas explorações agrícolas e as intervenções públicas, como as políticas fundiárias, a comercialização agrícola e os serviços de apoio, bem como a investigação e a extensão agrícolas, são uma forma eficaz de apoiar as pequenas explorações agrícolas na área de estudo.

Por conseguinte, a acessibilidade à formação e a transformação de novas tecnologias para a pequena produção alimentar seriam uma prioridade em termos de política de desenvolvimento agrícola; no entanto, os agricultores que acederam à formação foram inadequados, pelo que a gestão das explorações agrícolas, a utilização eficiente da terra, a tecnologia agrícola e as competências de produção devem ser tidas em consideração pelo departamento de agricultura numa base regular. Os resultados são muito semelhantes a outros estudos realizados em África, onde os extensionistas visitam os campos dos agricultores quatro vezes por ano. No entanto, as visitas de extensão no Camboja ainda são limitadas, mas a diferença é mínima e insignificante (Bizimana et al., 2004).

Quadro 13 Práticas de gestão das terras, formação e visitas de extensão

Variables description	Ouheng village (n=30)	
	Frequency	(%)
Type of training		
Soil erosion	8.0	26.7
Crop cover	6.0	20.0
Using residues mater	7.0	23.3
Organic fertilizer utilization	11.0	36.7
Integrated crop planting	11.0	36.7
Crop varieties sifting	14.0	46.7
Water use strategy	3.0	10.0
Follow land use planning	9.0	30.0
Agricultural policy	8.0	26.7
Frequency of joining training		
Never	13.0	43.3
Rare	12.0	40.0
Moderate	3.0	10.0
Frequently	2.0	6.7
Efficiency of training		
None	23.0	76.7
Low	2.0	6.7
Medium	2.0	6.7
High	3.0	10.0
No. of Extension visits (per year)	2	-

4.2.3.2 Acessibilidade do crédito

A propriedade da terra não foi considerada no acesso ao crédito para os pequenos agricultores na área de estudo, uma vez que os agricultores podem obter empréstimos sem certificados de terra de alguns institutos locais de microfinanças e bancos, incluindo AMK, Prasac, Hattha Kaksekar limited, Seilanithih limited e Acleda Bank, todos eles oferecem uma taxa de juros de 2,5 a 3% ao mês. Para além disso, a maioria dos pequenos agricultores também depende de crédito informal com uma taxa de juro de 5% se necessitarem de um serviço rápido de prestamistas.

Mais interessante, existe um grupo de poupança da aldeia com 90 membros, e este grupo de poupança foi criado em 2011 com o apoio de uma organização local. As pessoas, que são membros, têm de colocar poupanças mensais de 10.000 a 20.000 riels. As pessoas podem pedir dinheiro emprestado, de 500.000 a 1.000.000 riel, ao grupo de poupança quatro vezes por ano, e se pedirem o dinheiro emprestado, não há juros, mas se for mais tempo, têm de pagar uma taxa de juro de 2,7% por duas semanas.

Noutras formas de empréstimos informais, a tendência para aceder a fertilizantes e pesticidas de todo o vendedor está a aumentar; esses produtos foram entregues aos agricultores desde que começaram a preparação da terra, após a colheita os agricultores têm de pagar. A razão pela qual os pequenos agricultores têm de aceder ao crédito prende-se com o facto de pretenderem aumentar as suas actividades agrícolas, investir em culturas de rendimento, sofrer um choque sanitário, ter um surto de doença, estar sujeito a condições climáticas extremas ou outros casos de emergência, que podem levar as pessoas a endividar-se. Alguns agricultores sofreram com a seca; alguns deles pousaram as suas terras, enquanto outros mudaram de métodos ou passaram a cultivar uma nova cultura, pelo que precisam de mais crédito e de pagar o custo dos fertilizantes e pesticidas, apesar da pouca aplicação no campo. O elevado custo dos fertilizantes e pesticidas, as elevadas taxas de crédito e os preços dos combustíveis, juntamente com a falta de serviços de extensão, tornam-se um fardo para muitas explorações agrícolas e para os pequenos agricultores (Vuthy, 2013).

CAPÍTULO V
CONCLUSÃO E RECOMENDAÇÕES

5.1 Conclusão

A área total de uso da terra com culturas agrícolas, dominada pelo cultivo do arroz, era de aproximadamente 28,49 hectares, e as culturas não agrícolas eram cultivadas em cerca de 18,61 hectares, enquanto a propriedade individual da terra era de 1,5 hectares por família. Os pequenos agricultores da área de estudo dependem da mão de obra familiar com pequenas terras e baixas produtividades, e as famílias numerosas precisam de melhorar o uso intensivo da terra para alimentar os membros do agregado familiar, uma vez que a expansão da terra agrícola para os pequenos agricultores é impossível, pois toda a área desta aldeia pertence a indivíduos. Isto torna difícil para o Estado distribuir a terra a todos os agricultores. A área cultivada de mandioca aumentou significativamente em 21,92% em 2015, mais do que outras culturas, devido ao facto de os preços e o acesso ao mercado serem favoráveis aos agricultores, juntamente com empresas privadas que fornecem incentivos e promoção. As tendências no padrão de cultivo mudaram entre 2010 e 2015 com base na opinião dos agricultores, pois 46,7% acreditavam que essas mudanças trouxeram mais benefícios, enquanto o restante de 53,3% permaneceu inalterado porque não havia esforços para fazer isso.

O principal desafio que os pequenos agricultores enfrentam é a utilização das terras para a cultura do arroz e para as culturas arvenses, devido à falta de conhecimentos sobre os condicionalismos biológicos em termos de capacidade das terras para a produção de arroz e para a diversificação das culturas, juntamente com o fornecimento de nutrientes em termos de fertilizantes inorgânicos. O tipo de solo é muito importante porque promove o crescimento das culturas e a adoção de tecnologias. Além disso, os agricultores também são afectados pela acessibilidade aos sistemas de irrigação ligados às suas terras agrícolas, devido ao mau estado das estradas e à falta de transportes públicos durante a época alta. A existência de melhores estradas permite um melhor acesso aos mercados de produtos agrícolas e de matérias-primas, o que se traduz numa redução dos custos, no acesso à assistência técnica e no incentivo ao investimento em culturas orientadas **para** o mercado.

As caraterísticas socioeconómicas, as visitas de formação e extensão e as práticas de gestão das terras continuam a ser limitações para os agricultores. A mão de obra inadequada influencia a tomada de decisões dos operadores agrícolas na mudança de culturas de baixa produção para culturas intensivas. Os agricultores enfrentam uma série de desafios, incluindo informações inadequadas sobre recursos fundiários, tecnologia, mercado e instrumentos políticos. No caso de terras não utilizadas, as culturas devem ser alteradas para voltar a utilizar a terra, de modo a que os agricultores possam geri-la de forma sustentável e adequada para manter a segurança alimentar numa base familiar, bem como contribuir para a redução da pobreza rural.

Embora as condições económicas encontradas na área de estudo sejam pouco aceitáveis, são ainda muito importantes para fortalecer as economias locais, em vez de dependerem do trabalho assalariado. O facto de cada agregado familiar auferir um rendimento mínimo por ano deve-se à negligência do governo no que diz respeito ao fornecimento de meios suficientes, tais como irrigação e estradas para facilitar a agricultura e o transporte, e isto é agravado pela volatilidade dos preços das colheitas no mercado. Em termos de disponibilidade de crédito, os agricultores ainda enfrentam constrangimentos financeiros e, sem o apoio de organizações não-governamentais ou de prestamistas, é difícil para eles continuarem a sua atividade agrícola anual constantemente.

5.2 Recomendação

A dimensão média da terra disponível na aldeia é relativamente pequena e pouco rentável para famílias numerosas, pelo que o agricultor deve praticar a diversificação das culturas ou duplicar as épocas de cultivo, investindo coletivamente no abastecimento de água. No entanto, esta expetativa só é possível se as instituições relevantes tiverem em conta a construção de sistemas de irrigação para fornecer água aos campos de arroz alimentados pela chuva. Para além disso, o cultivo do arroz era uma cultura dominante na aldeia e também se encontrava em apuros devido à seca, pelo que esses agricultores deveriam ser apoiados pelas instituições relevantes em termos de boa qualidade das sementes, estratégia de delimitação do âmbito e introdução de fertilizantes orgânicos.

A produção de mandioca tornou-se muito popular nos últimos anos, e cada vez mais pessoas estão a prestar atenção a esta cultura. No entanto, pode causar um grande problema para os agricultores, porque esta cultura não é nativa do Camboja e é fornecida por empresas privadas, pelo que o preço é facilmente manipulado e volátil. Neste caso, o governo ou as

ONG locais, que estão a trabalhar na melhoria da agricultura, deveriam ter em consideração a disponibilidade de mandioca para os agricultores e controlar a flutuação do seu preço e mercado para a melhoria dos agricultores.

O aumento dos conhecimentos é também vital para melhorar a agricultura, pelo que os gabinetes de extensão locais ou os NOGs devem dar prioridade ao reforço das capacidades dos agricultores. Os agricultores devem ter acesso a programas de formação agrícola mais específicos ao nível das comunas, com prioridade para a produção de fertilizantes orgânicos, manutenção de fertilizantes no solo, métodos de cultivo e distribuição de sementes. Além disso, devem ser efectuadas visitas mais frequentes às explorações agrícolas para acompanhar os seus progressos. Uma vez que a seca se tornou um problema alarmante, os agricultores devem considerar técnicas agrícolas eficientes em termos de água e sementes tolerantes à seca para ultrapassar este problema.

Os outros encargos para muitas explorações agrícolas e para os pequenos agricultores foram os elevados custos dos fertilizantes, pesticidas, crédito a taxas elevadas e preços dos combustíveis, especialmente para aqueles que sofreram com a quebra de colheitas ou a seca. Neste caso, as instituições públicas e privadas deveriam desenvolver projectos para ajudar os agricultores através de bancos de arroz, bancos de aldeia, bancos de sementes, cooperativas de crédito ou grupos de poupança. Desta forma, os agricultores podem ter acesso a crédito com taxas de juro baixas, bem como a sementes gratuitas, para que possam sobreviver e continuar a produzir nas suas terras.

REFERÊNCIAS

ADB. (2014). **Melhoria da produção e comercialização de arroz no Camboja.** Filipinas: BANCO ASIÁTICO DE DESENVOLVIMENTO.

Agrícola, C.F.S. (2011). **Revisão de Política Agrícola e Pesquisa de Políticas.**

Auffret, P. (2003). **Reforma do comércio no Vietname: Opportunities with emerging challenges.** (Vol. 3076): Publicações do Banco Mundial.

Auzins, A., Geipele, S., e Geipele, I. (2014). **Novo sistema de indicadores para avaliação da eficiência do uso da terra.** Actas da Conferência Internacional de 2014 sobre Engenharia Industrial e Gestão de Operações Bali, Indonésia, 7 a 9 de janeiro de 2014.

Besley, T. (1995). Property rights and investment incentives: Theory and evidence from Ghana. **Journal of Political Economy,** 903-937.

Bingxin, Y. (2011). **Estratégia agrícola do Camboja: Desenvolvimento futuro Opções para o sector do arroz.** CDRI - O principal projeto de desenvolvimento independente do Camboja.

Bizimana, C., Nieuwoudt, W.L., e Ferrer, S.R. (2004). Farm size, land fragmentation and economic efficiency in southern Rwanda. **Agrekon, 43**(2), 244-262.

Blair, G. (2010). **Soil fertility constraints and limitations to fertilizer recommendations in Cambodia (Restrições à fertilidade do solo e limitações às recomendações de fertilizantes no Camboja).** 19th ed. Congresso Mundial de Ciência do Solo, Soil Solutions for a Changing World.

Briassoulis, H. (2005). **Factores que influenciam a alteração do uso e da cobertura do solo.** USO DA TERRA, OCUPAÇÃO DO SOLO E CIÊNCIAS DO SOLO.

Broadhead, J., e Izquierdo , R. (2010). **Assessment of land use, forest policy andgovernance in Cambodia [Avaliação do uso da terra, política florestal e governação no Camboja]**. Recuperado em 17 de abril de 2015, de http://www. globalmonitoring.sdstate.edu/projects/fao/pages.land/e107n13.html

CDC. [n.d.]. C. f. t. d. o. C. Retrieved April 17, 2015, from http://www. cambodiainvestment.gov.kh/

Calcaterra, E. (2013). **Definindo os pequenos proprietários.**

Estudo sobre a estrutura agrária do Camboja. (2005). **Agrifood Consulting**

International.

CARTÃO. (2014). **Segurança alimentar e nutrição no Camboja.** Conselho para a Agricultura e o Desenvolvimento Rural.

CDB. (2015). **Relatório anual.**

C DB. (2014). **Base de dados comunitária. Comuna de Samroang, Phnom Kravahn Distrito.** Província de Pursat: Departamento Provincial de Planeamento.

C DC. (2013). **Informações sobre o investimento dos municípios e das províncias do Camboja.**

Conselho para o Desenvolvimento do Camboja.

Chandararot, D. L. (2013). **Rural development and employment opportunit ies in Cambodia: How can a national employment policy contribute towards realization of decent work in rural areas?** Série de documentos de trabalho da OIT para a região Ásia-Pacífico.

Creswell, J. W. (2003). **Conceção da investigação: Qualitative, Quantitative, and Mixed Methods Approaches.** Publicações SAGE.

Deininger, K., e Feder, G. (2001). Land institutions and land markets. **Handbook of agricultural economics, 1**, 288-331.

Dhiaulhaq, A. (2013). **A apropriação de terras e o conflito florestal no Camboja: Implicações para a gestão comunitária e sustentável das florestas.**

Do, Q.T., e Iyer, L. (2008). Land titling and rural transition in Vietnam [Titulação de terras e transição rural no Vietname]. **Economic Development and Cultural Change, 56**(3), 531-579.

Engvall, A. e Kokko, A. (2007). **Poverty and Land Policy in Cambodla (Pobreza e Política Fundiária no Camboja).**

FAO. (1999). **O Futuro da Nossa Terra.** Enfrentar o desafio.

FAO. [n.d.]. **Land use.** Recuperado em 17 de abril de 2015, de http://www.fao.org/nr/ land/use/en/

Geist, H.J., Lambin, E.F., 2002. Proximate causes and underlying driving forces of tropical deforestation (Causas próximas e forças motrizes subjacentes da desflorestação tropical). **BioScience, 52**, 143-150.

Halabi, K. (Cartógrafo). (2005). **Review Of Experiences In Land Distribution In Cambodia [Revisão das experiências de distribuição de terras no Camboja].** Recuperado em 17 de abril de 2015, de http://siteresources.worldbank.

org/INTCAMBODIA/ Resources/293755-115108 7924882/Experiences-in- land-distribution.pdf

Hazell, P.B., Poulton, C., Wiggins, S., e Dorward, A. (2007). **O futuro das pequenas farms for poverty reduction and growth** (Vol. 42): Investigação sobre Política Alimentar Internacional Inst.

Hor, S., Saizen, I., Tsutsumida, N., Watanabe, T., e Kobayashi, S. (2014). O impacto da expansão agrícola na cobertura florestal na província de Ratanakiri, Camboja. **Journal of Agricultural Science, 6**(9), p46.

IFAD. (2008). **Climate change and the future of smallholder agriculture.** Recuperado em 17 de abril de 2015, de http://www.ifad.org/climate/roundtable/In Cambodia, IFAD, MEF e MAFF impulsionam a agenda dos agricultores. http://ifad- un.blogspot.com/2015/02/in-cambodia-ifad-mef-and-maff-push.html

IRRI. (1998). **Rainfed Lowland Rice Advances in Nutrient Management Research (Arroz de terras baixas de sequeiro: avanços na investigação da gestão de nutrientes).** Instituto Internacional de Investigação do Arroz.

Lohr, D. (2011). The Cambodian land market: Development, aberrations and perspectives. **Asien, 120**, 28-47.

LWDO. (2011). **Relatório sobre a avaliação participativa rural. Distrito de Phnom Kravanh.** Província de Pursat: Organização Vida com Dignidade.

MAFF. (2010). **Estratégia para a Agricultura e a Água 2010-2013 Preparada.** Obtido em 17 de abril de 2015, de http://gafspfund.org/sites/ gafspfund. org/files/Documents/Cambodia_8_of_16_STRATEGY_REVIEW_Technical_ Working_Group_Agriculture_and Water (2)-Annexes_0.pdf

MAFF. (2012). **Relatório anual da agricultura para 2011-2012.** Phonm Penh: Ministério da Agricultura, Florestas e Pescas.

MAFF. (2012). **Cambodia's Agricultural Land Resources: Status and Challenges.** Obtido em 17 de abril de 2015, de http://www.cdri.org.kh/webdata/policybrief/ drf/AgriandLandResourcesE.pdf

Markussen, T. (2008). Property rights, productivity, and common property resources: insights from rural Cambodia. **World Development, 36**(11), 2277-2296.

MOP. (2013). **Relatório Anual de Progresso, Alcançando os Objectivos de Desenvolvimento do Milénio Relatório preparado sobre a situação em 2013**.

Obtido em 17 de abril de 2015, de http://www.mop.gov.kh/

Muller, D. (2004). **Da expansão agrícola à intensificação: Rural desenvolvimento e factores determinantes da alteração do uso do solo na região central Terras Altas do Vietname.** D-65726 Eschborn: Deutsche Gesellschaft furTechnische Zusammenarbeit (GTZ) GmbH Postfach 5180.

Mund, J.P. (2010). **O sector agrícola no Camboja: Trends, processes and disparities (Tendências, processos e disparidades)** (Vol. 35).

Muth, R.F. (1961). Economic change and rural-urban land conversions. **Econometrica: Journal of The Econometric Society,** 1-23.

Instituto Nacional de Estatística do Camboja. Recuperado em 17 de abril de 2015, de http://www.nis.gov.kh/index.php/en/

NCDD. (2010). **Base de dados NCDD.** Recuperado em 17 de abril de 2015, de http://www.ncdd.gov.kh/km/ national-program

NCDD. (2013). **Projeto de Atribuição de Terras para o Desenvolvimento Social e Económico (BM).** Recuperado em 17 de abril de 2015, de http://www.ncdd.gov.kh/en/2012-12- 24-04-02-39/projects/ lased-wb?start=50

Fórum das ONG. (2007). **Programa Terra e Meios de Subsistência.**

Oldenburg, C., e Neef, A. (2013). **Competing Frameworks and Perspectives on Land Property in Cambodia [Quadros e perspectivas concorrentes sobre a propriedade fundiária no Camboja].** Recuperado em 17 de abril de 2015, de http://lawanddevelopment.net/img/2013papers/ ChristophOldenburg-AndreasNeef.pdf

Oni, S., Maliwichi, L. e Obadire, O. (2010). Factores socioeconómicos que afectam a agricultura de pequena escala e a segurança alimentar das famílias: um caso do município local de Thulamela no distrito de Vhembe da província do Limpopo, África do Sul. **Jornal Africano de Investigação Agrícola, 5**(17), 2289-2296.

Organização, L.W. (2011). **Distrito de Phnom Kravanh.** Província de Pursat: Organização Vida com Dignidade.

R.W. Bell, V.S. (2005). **Classificação da capacidade da terra para culturas que não sejam de arroz no Camboja.** CARDI Soil and Water Science.

Raufu, M. O. (2010), Pattern of Land use among selected crop farmers in Osun State. **Revista de investigação sobre gestão do solo e da água, 1**(1), 1-4.

RGC. (2010). **Programa Nacional de Desenvolvimento Democrático Subnacional 20102019.** Recuperado em 17 de abril de 2015, de http://www.gafspfund.org/ sites/ gafspfund.org/files /Documents/Cambodia_9_of_16_SATRATEGY _National_Program_for_SubNational_Democratic _Development_0.pdf

RGC. (2014). **Plano Estratégico de Desenvolvimento Nacional 2014-2018.** Obtido em 17 de abril de 2015, de https://adalidda.com/en/business-news/ cambodia-national-strategic-development-plan-2014-2018

Santacroce, P. (2008). **Análise Abrangente da Segurança Alimentar e da Vulnerabilidade.**

SAR, S. (2010). **Land Reform in Cambodia (Reforma Agrária no Camboja).** Recuperado em 17 de abril de 2015, de http://www.fig.net/pub/fig2010/ papers/ ts07j%5Cts07j_sovann_4633.pdf

Sarom, M. (2007). **Investigação e recomendações sobre a gestão das culturas para a produção de arroz de terras baixas de sequeiro no Camboja**. Instituto de Investigação e Desenvolvimento Agrícola do Camboja.

Satit Aditto, C.G. (2012). **Fontes de Risco e Estratégias de Gestão de Risco: O caso dos pequenos agricultores numa economia em desenvolvimento.** Intech.

Sieber, S.D. (1973). The Integration of Fieldwork and Survey **Methods, 78**(6), 1335-1359.

Silva, d., S., J., R., S., e Sellamuttu, S. (2014). **Agricultura, irrigação e redução da pobreza**. Camboja: Policy narratives and ground realities compared.

Sophal, C., e Acharya, S. (2002). **Facing the Challenge of Rural Livelihoods.**

Sothath, N., e Sophal, C. (2011). **Agriculture Financing and Services for Smallholder Farmers (Financiamento e serviços agrícolas para pequenos agricultores).**

Thapa, G., e Gaiha, R. (2011b). Smallholder farming in Asia and the Pacific: Challenges and opportunities. **Conferência do FIDA sobre New Diretions for Smallholder Agri culture, 24**, 25.

Thirapong Santiphop, R. P. (2011). Uma análise dos factores que afectam os padrões de utilização das terras agrícolas e as estratégias de subsistência das famílias de agricultores na província de Kanchanaburi, Tailândia. **Journal of Land Use Science, 20**.

TMSG. (2010). **Estratégia para a Agricultura e a Água 2010-2013.** [n.p.]: Grupo de Apoio à Gestão de Tarefas.

TONG Kimsun, L.P. (2013). **Levels and Sources of Household Income in Rural Cambodia 2012 [Níveis e fontes de rendimento dos agregados familiares no Camboja rural 2012].** [n.p.]: Uma publicação do CDRI.

Tong, K., Hem, S., Santos, P., e Kambuja, V.P.P. n.S.t.Q. (2011). **O que limita a intensificação agrícola no Camboja? The Role of Emigration, Agricultural Extension Services and Credit Constraints**. Camboja: Instituto de Recursos para o Desenvolvimento.

Udoh, E. J., Akpan, S.B., e Effiong, E.R. (2011). Análise económica da utilização e intensificação da atribuição de terras entre os agricultores de culturas arvenses na área do governo local de Uruan do estado de Akwa-Ibom, Nigéria. **Jornal de Economia e Desenvolvimento Sustentável, 2**(11e12), 1-10.

Vang, S. (2013). **Cambodia's Agricultural Land Resources: Status and Challenges.**

Vuthy, T. (2013). **Removing Constraints to Cambodia's Agricultural Development (Eliminação dos obstáculos ao desenvolvimento agrícola do Camboja).** Um produto da Conferência de Perspectivas do Camboja de 2013: Uma parceria do CDRI e do ANZ Royal. (p. 4). Phnom Penh, Camboja: CDRI - o líder independente do Camboja.

Vuthy, T., e Ra, K. (2011). **Revisão da política agrícola e da investigação política.**

Banco Mundial. (2014). **Terras agrícolas (% da superfície terrestre).** Recuperado em 17 de abril de 2015, de http://data.worldbank.org/indicator/ AG.LND.AGRI.ZS

Banco Mundial. (2014). **Crescimento populacional (% anual) no Camboja.** Retrieved Retrieved April 17, 2015, http://www.tradingeconomics.com/cambodia/ population-growth-annual-percent-wb-data.html

Printed by Books on Demand GmbH, Norderstedt / Germany